Der ganz normale
Change-Wahnsinn ...

Leffers . Morgner . Perry . Wreschniok

Der ganz normale Change-Wahnsinn …

… und wie man trotzdem etwas verändern kann

MURMANN
MURMANN PUBLISHERS

Bibliografische Information der Deutschen Nationalbibliothek

Die Deutsche Nationalbibliothek verzeichnet diese Publikation in
der Deutschen Nationalbibliografie; detaillierte bibliografische
Daten sind im Internet über http://dnb.d-nb.de abrufbar.

Copyright © 2016 Murmann Publishers GmbH, Hamburg

Unter Mitarbeit von Jens Schadendorf
Grafiken: Jan Reiser, München
Druck und Bindung: Steinmeier GmbH & Co. KG, Deiningen
Printed in Germany

ISBN 978-3-86774-472-0

Besuchen Sie uns im Internet: www.murmann-publishers.de
Ihre Meinung zu diesem Buch interessiert uns!
Zuschriften bitte an info@murmann-publishers.de
Den Newsletter des Murmann Verlages können Sie anfordern unter
newsletter@murmann-publishers.de

INHALTSVERZEICHNIS

● VORWORT

Rund 70 Prozent aller Veränderungsinitiativen in Organisationen scheitern, so lautet das vernichtende Urteil einer aktuellen McKinsey-Studie.[1] Eine neue Erkenntnis? Oder doch nur das, was nicht wenige Change-Akteure in Unternehmen, Mitarbeiter wie Führungskräfte, schon lange empfinden?

Schauen wir genauer hin: Im betrieblichen Alltag diskutieren Manager in zahllosen Meetings über notwendigen Wandel, in deren Folge häufig neue Change-Programme auf den Weg gebracht werden. Genauso häufig aber bleibt alles, wie es war. Denn die gute Absicht, zielgerichtete Lern- und Veränderungsprozesse für Unternehmen und Mitarbeiter auf den Weg zu bringen, verkehrt sich allzu oft in ihr Gegenteil. Change-Projekte werden zum Selbstzweck, zum »ganz normalen Change-Wahnsinn«, der sich auch in Widerständen, Demotivation und Zynismus der Akteure zeigt.

Unübersehbar wandeln sich Wirtschaft und Gesellschaft rasanter denn je, eine Dynamik, der sich Unternehmen und Organisationen gestaltend stellen müssen. Doch das ist nicht so einfach. Eine Change-Verantwortliche sagte uns dazu prägnant: »Veränderungsdruck gab es schon immer. Aber vor ungefähr zehn Jahren haben wir begonnen, permanent darüber zu sprechen. Inzwischen ist der notwendige Wandel so präsent in den Köpfen unserer Leute, dass er von vielen als Stress und Belastung empfunden wird.«

Was läuft da schief? Warum werden Change-Projekte immer häufiger als überfordernd und demotivierend erlebt, warum scheitern sie so oft?

Seit vielen Jahren beschäftigen wir uns mit Wandel: einerseits als Manager und Wissenschaftler, andererseits als aktive Begleiter von zielgerichteten Veränderungsprozessen in Unternehmen. Und angesichts des weiter wachsenden Veränderungsdrucks beschäftigen wir uns auch mehr denn je mit diesen Fragen.

In diesem Sinn stellt dieses Buch das Ergebnis langer Erfahrung dar. Es ist außerdem das Ergebnis einer umfangreichen Befragung von Entscheidern und Change-Praktikern, die, davon sind wir überzeugt, uns auf eine Weise Einblick in den – manchmal durchaus absurden – Change-Alltag von Unternehmen und Organisationen gewährt hat, wie es ihn selten gibt.

Der ganze normale Change-Wahnsinn … und wie man trotzdem etwas verändern kann ist daher zum einen eine Art Soziogramm des Wandels. Doch mit ihm zeigen wir auch veränderungshemmende und vor allem veränderungsfördernde Denkweisen und Handlungsmuster. Dabei lenken wir die Aufmerksamkeit auf unserer Ansicht nach bislang zu wenig beachtete wichtige Qualitäten, die einen Unterschied ausmachen zwischen Wandel ohne echte Wirkung, der die Change-Akteure entmutigt, und einem zielgerichteten, nachhaltigen Wandel des Unternehmens und des Einzelnen, den die Change-Akteure selbst, ob Mitarbeiter oder Führungskräfte, motiviert vorantreiben.

Denn auch wenn in Change-Projekten allzu oft aus dem Blick gerät: Worum sollte es in Veränderungsinitiativen sonst gehen, als um das Erreichen erstrebenswerter Ziele?

Wir wünschen eine anregende Lektüre.

Frankfurt am Main, München, Regensburg

Nina Leffers, Sebastian Morgner,
Thomas Perry und Robert Wreschniok

WARUM WANDEL SELTEN
ZU FORTSCHRITT FÜHRT
UND WIE ER TROTZDEM
GELINGEN KANN

HMM!
WIPPEN, HOCH UND
RUNTER – KANN
DAS DENN SCHON
ALLES SEIN?

● WARUM WANDEL SELTEN ZU FORTSCHRITT FÜHRT UND WIE ER TROTZDEM GELINGEN KANN

Change, Wandel, Veränderung: Viele können diese Worte nicht mehr hören. Und doch wissen alle: Unternehmen und Organisationen müssen sich laufend verändern, wollen sie nicht untergehen. Und sie wissen: Mit ihnen haben sich die Menschen zu wandeln, die in ihnen arbeiten, sie haben ihr Denken und Handeln zu ändern. Mehr noch: Es sind diese Menschen, die den Wandel zielgerichtet vorantreiben – oder ihn blockieren.

Wandel – auf spezifische Ziele ausgerichteter, dem Unternehmen dienender Wandel – ist also notwendig. Und er ist es angesichts von Globalisierung und weiter wachsendem Wettbewerbsdruck mehr denn je. Nicht von ungefähr haben die meisten großen Unternehmen mittlerweile speziell ausgebildete Experten für Organisationsentwicklung, die sich voll und ganz dem Change-Management verschreiben. Und nicht von ungefähr unterstützen daneben zahllose Unternehmensberatungen und auf Change-Kommunikation spezialisierte Agenturen Firmen und andere Organisationen bei ihren vielfältigen Change-Projekten.

Die Bandbreite der mit diesen Projekten anvisierten Veränderungsinhalte ist dabei groß. Sie erstreckt sich von der strategischen

Ausrichtung eines Unternehmens über Prozessoptimierungen bis hin zur Planung und Umsetzung von Maßnahmen zur fachlichen und Persönlichkeitsentwicklung von Managern und Mitarbeitern. Manchmal will es scheinen, dass heute fast alles »Change« ist – oder so interpretiert werden kann.

●● HEILIGER GRAL ODER ZIELGERICHTETES VORHABEN?

Doch obwohl – oder vielleicht gerade *weil* – Change in aller Munde ist und seine Notwendigkeit in Organisationen nicht selten beschworen wird wie der Heilige Gral, ist das Begriffsverständnis alles andere als einheitlich. Das zeigte sich auch im Rahmen unserer bereits im Vorwort erwähnten Expertenbefragung, in deren Verlauf wir mehr als 60 Interviews mit Entscheidern und Change-Verantwortlichen führten und aus denen wir in diesem Buch immer wieder zitieren werden. Auf die Frage »Was genau bedeutet Change für Sie?« gaben unsere Interviewpartner sehr unterschiedliche Antworten. Und: Zwar verbanden die Befragten mit dem Schlagwort »Change« überwiegend beste Absichten. Dennoch waren die unmittelbaren Assoziationen, die es hervorrief, nicht unbedingt positiv.

Das mag daran liegen, dass nur wenige Menschen Veränderung wirklich mögen. »Das Schlimmste für einen Menschen neben dem Tod ist Veränderung. Und wenn ein neuer Geschäftsführer kommt, die Lage analysiert und zu dem Schluss kommt: ›Hier muss sich alles ändern‹, dann meint er meistens ›alles‹ – außer sich selbst.« Diese Aussage eines unserer Interviewpartner lässt es anklingen: Es liegt nicht unbedingt primär an den Mitarbeitern, die die Botschaft eines Chefs in ihrer Weisheit nicht verstanden haben oder schlicht unfähig wären, ein Change-Projekt erfolgreich umzusetzen. Vielmehr haben Entscheider oft selbst ein gespaltenes Verhältnis zum Thema Wandel.

In jedem Fall gilt: Unternehmen, die nicht vom Wandel getrieben oder in die Ecke gedrängt werden wollen, müssen lernen, ihn aktiv zu gestalten: durch die Einigung auf sinnvolle Ziele und mithilfe von passgenauen Change-Initiativen. Nur dann kann es gelingen, dass Wandel kein Selbstzweck wird, also gleichsam zum Phantom, das permanent durch das Unternehmen geistert und von dem alle sprechen, das aber nie als wirklich zielgerichtet und fruchtbar für Unternehmen und den Einzelnen erlebt wird.

Dass Change nicht als Selbstzweck, sondern als zielgerichtet und fruchtbar erlebt wird, ist indes nicht ganz einfach. Denn Unternehmen und Organisationen sind stärker denn je vernetzt, sie agieren global und lagern immer mehr Geschäftsaktivitäten aus. Dadurch werden die Fragestellungen, die ein geplantes Change-Vorhaben aufwirft, komplexer, und seine Auswirkungen sind schwieriger abschätzbar. Reichweite und Umfang des Veränderungs- und Anpassungsbedarfs nehmen zudem stetig zu und greifen über einzelne Abteilungen, Standorte und Unternehmensgrenzen hinaus. Gleichzeitig bekommen die Strategien einen kurzfristigeren Zeithorizont, und Unternehmen müssen sie vor dem Hintergrund dynamischer Rahmenbedingungen permanent überprüfen und gegebenenfalls anpassen. Die sich hieraus ergebenden nötigen Veränderungen wiederum müssen auch im betrieblichen Alltag umsetzbar sein, wobei die Fülle der Entscheidungsprozesse, gerade in größeren Organisationen, ein abgestimmtes Vorgehen bei Veränderungsprojekten zu einer großen Herausforderung für alle Beteiligten macht. Dass die Anpassungen zudem immer schneller vonstattengehen müssen, macht das Ganze nicht leichter.

Hinzu kommt der menschliche Aspekt: Jeder Mensch hat – in unterschiedlichen Ausprägungen – zwei widersprüchliche Grundbedürfnisse. Einerseits treibt ihn das Bedürfnis nach Wachstum, Lebendigkeit und Vielfalt an, es treibt ihn, Neues zu denken und auszuprobieren. Andererseits weckt sein Bedürfnis nach Sicherheit auch die Sehnsucht, irgendwann mit etwas »fertig« zu sein, verlässliche Strukturen und Bedingungen vorzufinden und sie festzuhalten. Mit dieser Widersprüchlichkeit hat jedes Change-Projekt umzugehen.

Unsere Expertenbefragungen und Erfahrungen führen uns dabei zu dem Schluss: Nur ein wirklich gut gesetztes, das heißt als sinnvoll erlebbares und klug vermitteltes Change-Ziel lenkt die Aufmerksamkeit aller Change-Beteiligten wie ein Filter hin zu konstruktiven Lösungen. Es hilft, das Wesentliche vom Unwesentlichen zu trennen, hilfreiche Informationen zu erkennen und ergebnisorientiert zu handeln. Gibt es die in diesem Sinne klaren Ziele im Rahmen eines Change-Projekts nicht, dann wird die Aufmerksamkeit auf unklare, kaum verständliche Themenkomplexe gerichtet, was zur Verwirrung führt und für Lern- und Änderungswiderstände sorgt.

Der Begriff »Change« mag im Laufe des letzten Jahrzehnts einen der Spitzenplätze bei den Managementthemen ergattert haben, doch wer mit Change-Managern ebenso wie mit »Change-Betroffenen« spricht, erfährt: Veränderung wird zwar als wichtig klassifiziert, in der Praxis aber wird sie eher als ein Sammelsurium an Maßnahmen und schwierigen Themen erlebt und weniger bis nicht als abgestimmt und zielgerichtet. Auch deswegen kommt der klar kommunizierten Zielsetzung eine entscheidende Bedeutung für das Gelingen von Change-Initiativen zu. Die gesetzten Ziele bilden die Grundlage für eine gemeinsame Orientierung der Change-Akteure – und diese übereinstimmende Orientierung ist nötig, damit Change-Initiativen gelingen können. Die Ziele haben dabei operational, konkret, verständlich und nachvollziehbar zu sein – für jeden, der von dem Change-Vorhaben betroffen ist und mitwirken soll.

Zielgerichteter Wandel steht und fällt demnach auch mit dem aktiven Engagement motivierter Mitarbeiter und Manager. Sie sind nicht, wie beschrieben, widersprüchlich in ihren Bedürfnissen. Sie sind auch keine Maschinen, die man bei Bedarf per Knopfdruck einfach neu programmieren kann, sondern sie sind Menschen mit Emotionen und Ängsten, mit kreativen Ideen und individuellen Vorbehalten. Daher muss jeder einzelne Change-Akteur verstehen, worum es bei den gesteckten Projektzielen für das Unternehmen geht, und er muss für sich persönlich darin einen Sinn erkennen. Dann – und nur dann! – engagiert er sich und treibt Veränderungsinitiativen motiviert voran.

●● FRAGEN, HINHÖREN, ZUHÖREN

Aus diesem Grund sollten Change-Verantwortliche fragen, hinhören und zuhören – und dies nicht nur beim Aufsetzen eines Change-Projekts, sondern während des gesamten Prozesses. Sie sollten sich dabei fortlaufend folgende Schlüsselfrage stellen: Wie denken die einzelnen Change-Akteure über das, was erreicht werden soll, und über die Veränderungen, die unter Umständen nötig sind, um dieses Ziel zu erreichen?

Das Finden von Antworten auf diese Frage ist elementar,

- um die richtigen Ziele und Leitbilder für Veränderungsprojekte zu entwickeln,
- um zu erkennen, worauf bei der Entwicklung von konkreten Projektmaßnahmen zu achten ist,
- um zu verstehen, wie konkret für die Change-Akteure Sinn geschaffen, formuliert und begründet werden kann,
- um zu lernen, wie Kommunikation gestaltet sein muss, die diese Menschen erreicht.

Ein genaues Verständnis der Ziele und des zu erwartenden Verlaufs von Change-Initiativen ist zentral für ihr Gelingen. Denn nur wenigen Menschen gelingt es, sich für etwas zu motivieren, das sie nicht verstehen. Nicht verstandene kommunikative Botschaften sind dabei nicht nur wirkungslos, sie machen oft auch vieles kaputt und demotivieren. Sie können zudem dazu führen, dass gestritten wird, und zwar über nachgeordnete Sachprobleme, etwa technologische, organisatorische, rechtliche oder kaufmännische »Hindernisse«, nicht aber für die viel wichtigeren Fragen wie Leitbilder, Zielsetzungen und mögliche Lösungen von Veränderungsaufgaben.

Die zwei wichtigsten Regeln für zielgerichteten Wandel

1 / Wer zielgerichteten Wandel herbeiführen will, tut gut daran, sich im Vorfeld eines Change-Projekts ein Bild von den beteiligten Bezugsgruppen zu machen – und zwar aus erster Hand, nicht über vage Spekulationen. Und er tut gut daran, die Bezugsgruppen im Change-Prozess laufend im Blick zu behalten.

2 / Kommunikation, der nicht gelingt, das zu vermitteln, was vermittelt werden soll, ist wertlos – das gilt vom Aufsetzen eines Change-Projekts bis hin zu seinem Abschluss.

●● VIER AKTIONSFELDER, VIER CHANGE-TYPEN

Damit Change-Initiativen nicht als leerer Selbstzweck erscheinen, müssen sie als nach vorne weisend erfahren werden, als dem Unternehmen und für den Einzelnen wirklich nützlich. Die zentrale Frage ist: Wie kann das gelingen? Wir haben vier Aktionsfelder zielgerichteten Wandels identifiziert, die darüber entscheiden, ob aus Change-Initiativen echter Fortschritt wird:

Erstes Aktionsfeld: **Bedeutung schaffen, Sinn geben**	Zweites Aktionsfeld: **Ziele vermitteln, Ergebnisse realisieren**
Drittes Aktionsfeld: **Ideen generieren, Innovation ermöglichen**	Viertes Aktionsfeld: **Change strukturell integrieren, Prozesse vereinfachen**

Was im Einzelnen geschehen muss, damit Change-Projekte tragfähig sind und in der Folge wirklich zu zielgerichtetem Wandel führen und welche Schwierigkeiten oder Hindernisse dabei auftauchen können, erläutern wir später für jedes einzelne Aktionsfeld umfassend und detailliert.

Zuvor aber ist es noch wichtig, auf etwas anderes einzugehen: Zielgerichteter Wandel und echter Fortschritt geschehen nicht von alleine, sondern müssen aktiv angestoßen werden. Insofern sind im Rahmen von Change-Prozessen immer auch Führungsfragen mitzudenken.

Dabei gilt: Niemand kann ein großes oder auch nur mittelgroßes Unternehmen allein führen. Genauso wenig kann eine Person alleine wirksame Veränderungen durchsetzen. So gesehen sind Führung und Change-Management als gruppendynamische Prozesse zu verstehen, die je nach ihrer Qualität gelingen können – oder auch nicht. Dem steht teilweise das Paradigma der derzeit herrschenden Führungslehre entgegen, das davon ausgeht, man brauche einzelne starke und charismatische Führungspersönlichkeiten, die wie Leuchttürme für die breite Masse der Akteure wirken. Das mag bei unternehmergeführten Firmen teilweise der Fall sein, es spiegelt jedoch kein zeitgemäßes Führungsverständnis wider. Gerade die jungen Talente, die heute Universitäten und Bildungsstätten in Richtung Arbeitswelt verlassen, suchen meist ein Umfeld, in dem sie sich als Einzelner aktiv einbringen und das Unternehmen sowie dessen Erfolg mitgestalten können. Sie wollen keinen »König«, der ihnen sagt, was sie zu tun haben, sie wollen selbst in ihrem Verantwortungsbereich (mit)regieren.

Daher gilt immer mehr ebenfalls: Führungskräfte, die heute erfolgreich sein wollen – im Unternehmen im Allgemeinen und in Change-Projekten im Besonderen –, legen großen Wert auf Austausch und Vernetzung, und sie haben Zutrauen in die Schaffenskraft, den Ideenreichtum und die Erfahrung ihrer Mitarbeiter. Für eine erfolgreiche Change-Initiative braucht es insofern sowohl das Engagement der Mitarbeiter als auch ein klug angepasstes Management.

Das ist auch relevant für die systematische Bearbeitung der vier Aktionsfelder zielgerichteten Wandels. Damit sich nämlich diese Felder im Rahmen von Change-Initiativen gegenseitig verstärken können, sind Akteure nötig, die bestimmte erfolgskritische Anforderungen erfüllen, also bestimmte Stärken haben. Jede Phase eines Change-Projekts und jedes Aktionsfeld stellt dabei unterschiedliche Anforderungen. Das bedeutet: Wo etwa zu Beginn eines Veränderungsprozesses die Stärke eines Change-Akteurs – Führungskraft wie Mitarbeiter – besonders nützlich sein kann, kann diese im weiteren Verlauf eines Change-Prozesses vor dem Hintergrund sich wandelnder Anforderungen zu einer extremen Schwäche werden, die eine erfolgreiche Umsetzung verhindert. Daher braucht es im Rahmen von Change-Initiativen im Idealfall heterogene Teams, deren Mitglieder komplementäre Stärken aufweisen und so gemeinsam komplexe Aufgaben lösen und verwirklichen können.

Im Rahmen unserer Forschung identifizierten wir vier charakteristische Change-Typen, die in gelingenden Projekten in unterschiedlichen Phasen ihre Stärken ausspielen – und in anderen Phasen mit ihren Schwächen mitunter zu Störfaktoren werden können, die möglichst einzugrenzen sind. Die vier Change-Typen sind im Einzelnen:

Erstes Aktionsfeld: Bedeutung schaffen, Sinn geben **Der Sinnstifter**	Zweites Aktionsfeld: Ziele vermitteln, Ergebnisse realisieren **Der Macher**
Drittes Aktionsfeld: Ideen generieren, Innovation ermöglichen **Der Ideenmoderator**	Viertes Aktionsfeld: Change strukturell integrieren, Prozesse vereinfachen **Der Strukturierer**

Im Laufe der nächsten vier Kapitel werden wir anhand der vier Aktionsfelder zielgerichteten Wandels auch auf die vier Change-Typen und deren Bedeutung für den gelingenden oder misslingenden Change-Prozess ausführlicher eingehen.

Der »ganz normale Change-Wahnsinn«, wie er in allzu vielen Unternehmen anzutreffen ist, kann überwunden werden. Mit den richtigen Entscheidungen kann verhindert werden, dass Change nur als Phantom durch das Unternehmen geistert, anstatt als zielgerichteter, fruchtbarer Wandel erlebt zu werden. In diesem Sinne gilt: Patentlösungen für gelingendes Change-Management gibt es zwar nicht, aber es gibt Stellhebel, mit denen Erfolgsaussichten erheblich verbessert werden können. Zu ermöglichen, dass die passenden Change-Typen im Veränderungsprozess wirken können, ist einer davon – aber nicht der einzige. Die folgenden Kapitel verdeutlichen das.

Das erste Aktionsfeld zielgerichteten Wandels

● BEDEUTUNG SCHAFFEN, SINN GEBEN

Unsere Forschung, die Experteninterviews und die praktische Projekt-erfahrung haben gezeigt, wie wichtig die von allen verstandene Be-deutung eines Change-Vorhabens für dessen Erfolg ist. Ohne ein um-fassendes gemeinsames Verständnis des »Warum«, des Kontextes und der wesentlichen Wirkungszusammenhänge geht es nicht. Tatsächlich jedoch gelingt es nur selten, bei den beteiligten Change-Akteuren ein gemeinsames Verständnis über den angestrebten künftigen Zustand und den Sinn der notwendigen Veränderung zu vermitteln. Die Frage ist also: Was läuft hier schief?

●● WIE ES NICHT GEHT

Bei der Ermöglichung von gemeinsamer Bedeutungserfahrung und ge-meinsamem Sinnerleben scheitern Change-Projekte vor allem an vier Punkten.

Abstrakte Kennzahlen statt greifbarer Zielsetzung

Wer sich bei der Herleitung von Veränderungsprogrammen ausschließlich auf quantitative Analysen, den Vergleich von Benchmarks, die Auswertung von Key-Performance-Indikatoren und die Bewertung quantitativer Alternativszenarien beschränkt, der wird mit ziemlicher Sicherheit scheitern. Denn auf einem umfassenden Datenwerk basierte Change-Initiativen machen zwar auf den ersten Blick einen guten Eindruck, weil sie Kompetenz signalisieren mögen. Vor allem aber stehen sie nicht selten für die Illusion, die Zukunft sei kontrollierbar und auf Jahre hinaus berechenbar.

Doch das Gegenteil ist der Fall. In der Change-Praxis dominieren häufig abstrakte Formulierungen, die quantitative Ziele wie etwa Rendite oder Umsatz in den Vordergrund rücken, ohne zu erläutern, wie diese tatsächlich zu erreichen sind, und ohne darüber zu sprechen, welchen Zielzustand die Organisation erreichen soll, welcher gesellschaftliche Nutzen verwirklicht werden soll und wie die begonnenen Veränderungen auf diesen Zielzustand einzahlen.

Natürlich sind quantitative Analysen und Zielvorgaben für die Führung eines Unternehmens und auch im Rahmen einer Change-Initiative unerlässlich. Aber: Niemals sollten Kennzahlen mit erstrebenswerten Zielen der Interessengruppen gleichgesetzt werden, sonst bewegt sich das Change-Vorhaben in die falsche Richtung. Denn so wird die Aufmerksamkeit des Managements weg vom konkreten Kundennutzen und den täglichen Herausforderungen der realen Arbeitswelt der Mitarbeiter und des mittleren Managements hin zu abstrakten Zahlen gelenkt.

Gerade Topmanager, die für das Gelingen von Change-Projekten schon bedingt durch ihre hierarchische Stellung eine wichtige Rolle spielen, beschäftigen sich täglich mit den Herausforderungen des Marktes, mit Zukunftstrends und anderen Einflussgrößen. Sie sprechen mit Beratern und Analysten, besuchen Fachkonferenzen und tauschen sich mit der Unternehmensleitung wichtiger Wettbewerber aus. Ihr Kopf ist bereits »in der Zukunft«. Das führt in vielen Fällen dazu, dass sie bei der Entwicklung und Vermittlung von Unternehmenszielen schlicht vergessen, dass diejenigen, die ihren Arbeitsalltag hauptsächlich mit operativen Aufgaben verbringen, auf einem anderen Informationsstand sind, zum Teil völlig verschiedene Sichtweisen haben und hier und heute einen zielgerichteten Wandel verwirklichen sollen.

➤ Grundsätzlich sollten Veränderungsziele nicht den Strategiechef motivieren, sondern diejenigen, auf deren Einsatz das Change-Projekt angewiesen ist.

Viele Unternehmenschefs begründen Change-Projekte – oft unbewusst! – aus ihrer eigenen Erfahrungswelt heraus, in ihrer eigenen Sprache, mit ihrer eigenen Logik. Sie sprechen über Herausforderungen der Märkte, Erfolgsfaktoren, Zielgrößen und anderes mehr. Fragt man sie jedoch: »Welches sind die entscheidenden Momente, in denen diese Strategie im Arbeitsalltag zum Ausdruck kommt? Woran werden Mitarbeiter und Kunden ganz konkret eine positive Veränderung gegenüber dem Status quo spüren?«, erntet man häufig irritierte Blicke.

Auch begeisterte Analysten und Kapitalgeber tragen nicht viel zum Gelingen bei, wenn die Mitarbeiter, die im Rahmen eines Veränderungsprogramms ihre Einstellung und ihr Verhalten ändern sollen, davon nichts wissen oder den Sinn der Übung weder verstanden noch verinnerlicht haben. Darüber hinaus sind da die Kunden und Geschäftspartner, bei denen sich ein Unternehmen aufgrund der vollbrachten Veränderungen Vorteile verspricht. Hier gilt, was bei anderen Aufgaben im Unternehmen auch gilt: Die Werbemaßnahmen der Marketing-abteilung können nicht überzeugen, wenn sie die Lebensform und -einstellung der Zielgruppen außer Acht lassen, und Verkäufer werden nichts verkaufen, wenn sie nicht wissen, welche Argumente ihre Kunden überzeugen. Genauso muss für Change-Projekte die Werbetrommel im Unternehmen gerührt werden, um die Mitarbeiter davon zu überzeugen, warum damit verbundene Maßnahmen sinnvoll sind. Die Belegschaft spürt sehr genau, ob ein aufrichtiges Interesse an ihrer Einbindung und Mitwirkung besteht oder ob sie mit wohlklingenden Phrasen abgespeist wird.

➤ **Der Wirksamkeit eines Change-Projekts ist ein enger neurologischer Rahmen gesetzt: Menschen können sich unter abstrakten Zahlen nichts vorstellen.**

Zahlen, Daten und Fakten – sie alle produzieren in unserem Gehirn keine Bilder, sie vermitteln weder den Sinn noch die Bedeutung eines Vorhabens. Die meisten Menschen können sich unter einer Million nichts vorstellen, sehr wohl aber unter einem schicken Vier-Zimmer-Loft in ihrer Lieblingsstadt, das sie für diesen Betrag erwerben könnten. Noch schwieriger ist es, sich Prozentsätze vorzustellen, wie etwa Eigenkapitalrenditen vor und nach Steuern, Abschreibungen und so weiter. Gleiches gilt für Change-Projekte: Wenn die Change-Akteure kein kohärentes, anschauliches Leitbild der angestrebten Veränderung im Kopf haben, fangen sie an zu spekulieren, zu interpretieren und zu deuten.

Mit Kennzahlen gespickte PowerPoint-Flow-Charts stiften daher vor allem eines: Verwirrung. Die Unklarheit darüber, wohin die Reise gehen sollte, entlädt sich dann etwa in hitzigen Diskussionen in der Kaffeeküche darüber, was das Management wohl mit seiner letzten

Präsentation eines Change-Projekts konkret gemeint haben könnte oder warum »die da oben« einfach falschliegen. Das Management regt sich im Gegenzug nach einiger Zeit darüber auf, dass niemand so richtig bei dem Projekt mitzieht, die Mitarbeiter inneren Widerstand leisten oder einfach unwillig sind.

Unsere Erfahrung zeigt: Die meisten strategischen Veränderungsvorhaben scheitern schlicht daran, dass die betroffenen Akteure nicht verstanden haben, was das Management mit dem Change-Projekt erreichen möchte – und vor allem, warum. Darüber hinaus hat das Management oft gar keine oder nur vage Vorstellungen davon, was eigentlich ganz konkret im Arbeitsalltag anders sein wird, wenn der versprochene Wandel gelungen sein sollte. Ist das aber der Fall, trägt auch dies zum Scheitern bei. Dabei gilt zudem: Zweifelsohne brauchen auch Change-Initiativen quantifizierbare Ziele und Kennzahlen. Es ergibt deshalb durchaus einen Sinn, sie einem Projekt zuzuordnen und auf diese Weise Ergebnisse und Erfolge leichter nachhalten zu können. Sie stellen jedoch lediglich flankierende Instrumente dar. In keinem Fall dürfen sie die Kommunikation mit breiten Mitarbeitergruppen dominieren.

Unternehmen haben es selbst in der Hand, wie Mitarbeiter und Führungskräfte auf Change-Initiativen reagieren: als begeisterte Anhänger und Intrapreneure, als Mitmacher, als unbeteiligte Zuschauer – oder als Blockierer. Es kommt auf die Herangehensweise und die Vermittlung des Change-Vorhabens an und darauf, ob alle an einem Strang ziehen (wollen) oder nicht.

Begeisterte Anhänger findet man jedoch leider eher selten, und das liegt nicht unbedingt an den Mitarbeitern. Der jährlich vom Gallup-Institut erhobene Engagement Index, der die innere Bindung von Mitarbeitern an die Ziele und Werte ihres Arbeitgebers misst, zeigt eine besorgniserregende Tendenz: Immer mehr Mitarbeiter kündigen innerlich, weil sie sich mit den Zielsetzungen ihres Unternehmens nicht identifizieren können. Selbst die Führungskräfte wissen oft nicht, was genau zu tun ist. So kommt es, dass in einer großen Umfrage von StepStone mehr als die Hälfte aller Führungskräfte die Strategie ihres Unternehmens nicht wiedergeben kann und dass nur ein Viertel von den Zielen ihres Arbeitgebers lediglich eine ungefähre Ahnung hat.[2] Wie aber soll man etwas verwirklichen, das man nicht sinnvoll erklären kann, und dabei womöglich sogar eine führende Rolle einnehmen?

In unseren Interviews mit Change-Praktikern und Topentscheidern wurde einmal mehr offensichtlich, was die moderne Verhaltensforschung in vielen Kontexten bereits gezeigt hat: Auch bei Veränderungsprozessen verlassen wir uns – trotz aller behaupteten Rationalität – in unserer Entscheidungsfindung vorwiegend auf unsere Intuition. Daher wird eine aktive Unterstützung der Veränderung wahrscheinlicher, wenn der Einzelne das Change-Vorhaben und die dahinter stehenden Ziele wirklich verstanden hat, sie mit seinem Arbeitsalltag verknüpfen und sich mit ihnen identifizieren kann – um auf diese Weise sich auch emotional mit dem Change-Projekt zu verbinden. Nur dann auch kann es als sinnvoll erlebt werden.

●●● Buzzword-Bingo statt klarer Worte

Es scheint Mode geworden zu sein, Change-Initiativen poppig klingende, aber leider nichtssagende *Buzzwords* zu verpassen, zum Beispiel »Fit for Future«, »Drive for Excellence«, »@change« oder »Fit4change«. Eine solche Sprache lenkt die knappe Ressource Aufmerksamkeit in die falsche Richtung, nämlich auf den Wandel selbst und nicht auf die Ergebnisse, die man gemeinsam erzielen möchte. In von externen Beratern moderierten Workshops wird dann über Firmenwerte diskutiert, und statt des Vorgesetzten sprechen Mitarbeiter mit Coaches darüber, wie sie Veränderung als Chance begreifen können. Das mag wichtig sein, die viel wichtigere Frage dabei ist aber doch: Eine Chance *wofür*?

»Wir müssen besser im Vertrieb werden«, »Wir müssen kundenorientierter werden«, »Wir müssen mehr auf Qualität achten«. Solche und ähnliche, eher leer klingende Appelle sind in vielen Unternehmen an der Tagesordnung. Sie schaffen vor allem eines: Verunsicherung. Dabei ist eine klare Definition dessen, was angestrebt wird, schon deshalb unbedingt nötig, weil bereits »Change« ein abstrakter und diffuser Begriff ist. Während wir uns unter einem rosa Elefanten vermutlich alle etwas sehr Ähnliches vorstellen, interpretieren wir in das kleine Wörtchen »Change« alles Mögliche hinein – von Werte-Workshops der Personalabteilung über marktgetriebene Maßnahmen an der Schnittstelle zu den Kunden, Transformationsprogramme, Prozessoptimierung, Kosteneinsparung und Strukturwandel bis hin zu reinen Personalabbaumaßnahmen.

Interessanterweise hat sich das Bild dessen, was mit einem Change-Projekt erreicht werden soll, häufig auch dann nicht weiter konkretisiert, wenn wir in den Tiefeninterviews im Rahmen unserer Forschung einen Blick unter die Motorhaube des Change-Managements von Unternehmen geworfen und nach den konkreten Zielen und Maßnahmen gefragt haben, die sich hinter den Vorhaben verbergen. Selbst auf die Bitte, die Zielsetzungen zu veranschaulichen und zu konkretisieren, folgten nicht selten unbeholfene Versuche, die im Vagen blieben und in auswendig gelernte Phrasen mündeten. Auch in unseren Beratungen machen wir bis heute die Erfahrung, dass die Hauptakteure im Hinblick auf die konkrete Zielsetzung und das Vorgehen von bereits laufenden Change-Initiativen teilweise vollständig widersprüchliche Vorstellungen haben – obwohl sie sich beinahe täglich oder gar mehrmals täglich über das Change-Projekt austauschen.

Viele Change-Projekte scheitern im Grunde schon, bevor sie überhaupt richtig begonnen haben, weil die Ziele diffus und abstrakt formuliert sind und die Notwendigkeit der Veränderung den beteiligten Akteuren nicht nachvollziehbar vermittelt wird.

Verwirrung statt Klarheit

Ein deutscher Energiekonzern hat ein großes Change-Projekt aufgesetzt. Im entsprechenden Mission Statement heißt es: »Top-Leistung zu erbringen und eine Leistungskultur zu leben, sind unabdingbare Voraussetzungen für unseren Erfolg. Es ist unser konzernweites Ziel, das Perform-to-win-Programm in eine nachhaltige Leistungskultur zu überführen.«
Was löst ein solcher Satz, gespickt mit bei näherer Betrachtung kaum verständlichen Buzzwords, bei den betroffenen Mitarbeitern aus – einmal abgesehen von totaler Verwirrung? Die Formulierung ist so abstrakt, dass sie mehr Fragen aufwirft, als sie beantwortet: Was genau zählt als »Top-Leistung« und was ist eine »nachhaltige Leistungskultur«? Woran wird Erfolg überhaupt gemessen? Was bedeutet »perform to win«, also »leiste, um zu gewinnen« in diesem Kontext? Offenbar existiert in dem Unternehmen bisher noch keine Leistungskultur, denn in diese soll ja nun überführt werden. Aber: Welchen Beitrag kann oder soll der Einzelne dabei konkret leisten? Worum genau geht es?
»Management-Poetik« solcher Art führt zu Verunsicherung und Irritation. Es gibt keine Koordinaten, mit deren

Hilfe der Einzelne sich orientieren könnte. Er fragt sich daher ständig: »Was bedeutet das für mich? Welche Konsequenzen hat das für mich?« Solange sich diese Fragen für ihn nicht lösen, tendiert er zur Blockade. Der daraus resultierende Verlust an Kreativität und geistiger Leistungskraft ist zwar nicht quantitativ messbar, in seinen Folgen aber dennoch mitentscheidend für Erfolg oder Misserfolg eines Change-Projekts.

Die Personalberatung Kienbaum stellte in einer Studie fest, dass »die Einschätzungen der Topmanager über die Realität in der Organisation und im Veränderungsprojekt von den Sichtweisen der mittleren Führungskräfte beziehungsweise den Projektleitern abweichen«.[3] In dem Maße, in dem diese Abweichung erheblich ist, wird sie zum Problem. Wenn sie nicht wissen, was konkret im Arbeitsalltag von ihnen erwartet wird, geben sich Mitarbeiter und mittlere Führungskräfte die Antworten selbst. Sie sind entsprechend vielstimmig, und nicht selten ist in der Folge die gesamte Organisation gefangen in Abstimmungen und Streitigkeiten um die richtige Deutung einer kognitiv nicht wirksam formulierten strategischen Vorgabe.

»Projektsitzungen wurden bei uns häufig zu Spekulationsrunden. Wir haben versucht, uns einen Reim darauf zu machen, was jetzt wohl von uns erwartet wird.«

Eine langjährige Topführungskraft räumte im Interview mit uns ein: »Ein großes, lange nicht in seiner Tragweite von mir erkanntes Problem war das deutsch-englische Management-Wording, mit dem ich unsere Strategie zu vermitteln versuchte. PowerPoint-Folien gespickt mit Grafiken und Tabellen, die für den durchschnittlichen Mitarbeiter abgehoben und unverständlich waren. Für mich und mein Team ergaben sie Sinn – wir hatten schließlich wochenlang darüber gehockt wie die Hennen im Nest. Die meisten Inhalte dieser Präsentationen kamen aber schlicht nicht in den Köpfen derjenigen an, die die Projekte umsetzen sollten. Kommunikation, die nicht verstanden wird, ist eine wertlose Kommunikation.«

Wenn die Zielsetzung einer anstehenden Veränderung nicht in ihren Ausprägungen auf den Arbeitskontext des einzelnen betroffenen Akteurs verstanden wird, kann am Ende eines Arbeitstags nicht eingeschätzt werden, ob dieser Tag erfolgreich und die geleistete Arbeit wertvoll war. Es entsteht Unsicherheit, weil unklare Begriffe wie etwa »Leistung«, »Erfolg«, »Performance«, »Performance-Kultur« oder »Ertragskraft«, wie sie bei der Vermittlung im Rahmen von Change-Initiativen nicht selten sind, in dichter Häufung vorkommen. Dadurch entsteht Druck, denn alle diese unklaren Begriffe, Ziele und Appelle formulieren eine hohe Erwartungshaltung an die Change-Akteure.

»Pauschale Appelle lassen die Leute, denen man sie überstülpt, im Regen stehen, denn sie wissen nicht, was sie konkret tun sollen.«

Unterschiedliche Auslegungen und ihre Folgen

Falsch aufgesetzte Change-Projekte können im Chaos enden: Die Vorstandssitzung in einem großen Konsumgüterkonzern steht an, und auf ihrer Agenda findet sich das Projekt »Kundenloyalität« ganz oben. Von Beginn der Sitzung an herrscht Konsens, dass es sich hierbei um einen wichtigen Stellhebel für den künftigen Wachstumskurs des Unternehmens handelt. Es gibt auch keinen Streit darüber, dass mehr in »loyalitätssteigernde Maßnahmen« investiert werden muss. Und sogar erste spontane Ideen entstehen, wie wohl eine große »Loyalitätskampagne« aussehen könnte.

Dennoch scheitert das Loyalitätsprojekt. In der Fehleranalyse wird deutlich, warum: Unter den Beteiligten des Projekts war nie eindeutig geklärt worden, was »Kundenloyalität« im Geschäftsalltag konkret bedeutet. Jeder Manager hatte demnach seine persönliche »Loyalitätsagenda«, die er auf eigene Faust verfolgte. Für den einen waren es neue Tarife mit regelmäßigen Zahlungskomponenten, für den anderen eine Weiterempfehlungskampagne in sozialen Medien. Die Folge: Zwar wurden unzählige Initiativen angestoßen. Doch die liefen alle unter dem gleichen Motto, und sie hatten widersprüchliche Botschaften und Absichten. Aufgrund der fehlenden eindeutigen Definition eines für alle im Unternehmen nachvollziehbaren Loyalitätsbegriffs gelang es nicht, die Kräfte und Maßnahmen zu bündeln, um konkrete Verhaltensziele zu erreichen. Das Projekt versank stattdessen im Chaos und wurde irgendwann still beerdigt.

••• Superlative statt Realismus

Ein besonderer Tag, eine besondere Veranstaltung. Ein Spotlight auf
der Bühne, eine getragene Filmmelodie ertönt. Dann verkündet das
Management seinen Mitarbeitern die neue Strategie. Viele kennen
dieses Bild. Nicht selten wird eine »radikale Änderung« oder sogar
eine »Revolution« ausgerufen. Es folgen Appelle von der Bühne, ein
bisschen als Mischung aus Frontalunterricht und Drohgebärde. Und
es werden Beweise der Dringlichkeit, dass sich schnell etwas ändern
muss, vorgeführt, meist in Gestalt von grafisch aufbereiteten Daten
und Fakten. Am Ende stehen größere Marktanteile, höhere Margen
und Prognosen von Gewinnen, die sich durch die neuen Maßnahmen
»radikal verbessern« werden.

> »Change, also ... Meistens wird viel angekündigt und
> wenig eingehalten.«

Das Problem dabei: Die meisten Menschen fühlen sich durch Superlative eher unter Druck gesetzt oder halten solche Zielausführungen
schlicht für Größenwahn. Der Vorstand eines mittelständischen Unternehmens sagte uns gegenüber dazu: »Wenn Ziele als nicht erreichbar wahrgenommen werden, fühlen sich die Mitarbeiter belogen und
betrogen. Man muss sich in sie hineinversetzen, um zu wissen, wie
viel man ihnen zumuten kann.«

Dabei wissen diejenigen, die mit Superlativen um sich werfen,
meist sehr genau, wie realitätsfern ihre Ausführungen sind, und sie
geben das auch durchaus selbstkritisch zu, wie die Antworten in unseren Interviews nahelegen:

- »Na ja, es war natürlich *nicht wirklich* eine Revolution.«
- »Bei dem versprochenen Durchbruch war natürlich auch ein wenig der Wunsch Vater des Gedankens.«
- »Zugegeben, die Gewinnprognose war *sehr* optimistisch.«

Obwohl also niemand wirklich ernsthaft an die unternehmensöffentlich kommunizierten Superlative glaubt, werden sie trotzdem fast rituell wieder und wieder benutzt.

●●● Ansagen von oben statt Partizipation

Auf Strategiepräsentationen wie den eben beschriebenen, die sich oft über einen oder mehrere Tage erstrecken, werden zudem meist Workshops zu Werte-, Zukunfts- oder anderen Themen durchgeführt, in denen die Teilnehmer Rückmeldung geben dürfen – vor allem zu längst beschlossenen Entscheidungen. Die Ergebnisse werden anschließend zwar eingesammelt, aber die Beteiligten hören nie wieder davon, was aus ihren Vorschlägen und Beiträgen geworden ist. Das bedeutet: Partizipation gehört in Unternehmen zwar irgendwie zum guten Ton. In Wirklichkeit aber verkommt sie in den meisten Fällen zu einer öffentlich inszenierten Pseudopartizipation mit rituellem Charakter.

In der Folge eines solchen Rituals fühlen sich Mitarbeiter daher oft eher auch abgefertigt als wirklich abgeholt. Der Bereichsleiter einer Investmentbank erzählte uns dazu: »Da gab es ein Programm, in dem ging es um unsere Unternehmenswerte – warten Sie, ich muss mal nachsehen, welche Werte waren das noch mal? Die ganze Veranstaltung verlief nach dem Prinzip: Dann wollen wir in Zukunft mal ganz lieb sein! Wenn Sie mich fragen – das ist völliger Unsinn.« Und ein Manager in einem Versorgungskonzern erzählte uns von einer ähnlichen Veranstaltung: »Ich habe mir die Werte angesehen und gedacht: *So what?* So habe ich es schon immer gemacht. Also war meine Erkenntnis: Vergiss die ganze Veranstaltung, sobald du sie hinter dir hast.«

Es liegt auf der Hand, dass Pseudopartizipation, wie sie hier am Beispiel einer Strategieveranstaltung umrissen wurde, kontraproduktiv ist. Leider meinen immer noch viele Manager und interne Kommunikatoren, dass man mit schicken Veranstaltungsorten, lauter Musik, emotionalen Videoeinblendungen, kollektivem Buschtrommeln oder anderen Showeffekten über eine Kommunikation hinwegtäuschen kann, die nicht von Herzen wertschätzend und ernst gemeint ist. Im besten Fall werden die Mitarbeiter bis zur großen Abendgala bei Laune gehalten. Am nächsten Morgen jedoch kommt schon der große Kater, die innere Immigration, das Abwinken, wie es in beiden eben zitierten Interviewäußerungen deutlich wurde.

Die Ursache für diese Fehlentwicklung ist nicht selten, dass abgehobene strategische Zielsetzungen und Initiativen zunächst im kleinen Kreis entwickelt werden, oft mit Unterstützung externer Berater, die vor Kurzem ein ähnliches Projekt bei einem Mitbewerber durchgeführt haben und deshalb »Best-Practice-Wissen« einbringen. Das Problem dabei: Wenn Change-Maßnahmen aus der Vogelperspektive und nicht unter Berücksichtigung der Sichtweise der betroffenen Akteure entwickelt werden, ist es wahrscheinlich, dass wesentliche Konsequenzen übersehen werden. Wirklich originelle, einzigartige und differenzierende Strategien und Initiativen für einen zielgerichteten Wandel können nur aus dem Unternehmen selbst heraus entstehen, unter Nutzung seiner einzigartigen Vergangenheit, Erfahrung, der Zusammensetzung seiner Mitarbeiter und Produktivmittel. Bei der Entwicklung solcher Change-Initiativen kann ein externer Prozessmoderator und Impulsgeber hilfreich sein, aber nur wenn er nicht mit intellektueller Ignoranz industriespezifische Blaupausen verwendet, welche die Besonderheiten des Unternehmens tilgen, sondern vielmehr das Erfahrungswissen im Unternehmen ehrlich zu schätzen und zu heben weiß.

Damit keine Missverständnisse aufkommen: Partizipation heißt nicht, dass alle alles gemeinsam entscheiden. Partizipation heißt auch nicht Basisdemokratie. Sondern es bedeutet vielmehr, alle Menschen im Unternehmen mit ihren Erfahrungen und Ideen ernst zu nehmen. Die Notwendigkeit und die richtige Form der Partizipation hängen stark von der Art des durchgeführten Change-Projekts ab. In einem umfassenden Kostensenkungsprogramm beispielsweise, das mit Personalkürzungen einhergeht, dieselbe Form von Partizipation zu fordern wie in einer Vertriebsinitiative, ist nicht zweckmäßig. Eine Personalleiterin, die in zahlreichen Change-Projekten auch unliebsame Veränderungen umsetzen musste, schilderte uns ihre Erfahrungen: »Bei Dingen, die mit großem Personalabbau verbunden waren – wie beim Outsourcing etwa –, haben wir einen ganz klassischen Topdown-Prozess durchlaufen. Im kleinen Kreis vorbereitet und dann am Tag X schnell und konsequent ausgerollt, weil das sehr vertraulich behandelt werden musste.« Eine zu frühe Einbindung großer Mitarbeitergruppen hätte hier eine gefährliche Unruhe in die Belegschaft gebracht.

Der Geschäftsführer eines mittelständischen Unternehmens berichtete uns von einer Change-Initiative und dem gravierenden Fehler, bei der Lösungsfindung alle einbeziehen zu wollen: »Wir haben tief greifende Abläufe verändern wollen. Von Anfang an wurden sehr, sehr viele Leute mit dieser Idee vertraut gemacht und involviert. Das hat aber dazu geführt – einfach weil da so viele in dem Topf mit herumgerührt haben –, dass wir die Ziele komplett aus den Augen verloren, und das Projekt wurde, weil schon bei der Initiierung viele

Widerständler dabei waren, am Ende totgeredet und nach einem halben Jahr wieder eingestampft.«

Partizipation beinhaltet also nicht zwingend die breite Beteiligung aller potenziellen Change-Akteure beim Aufsetzen eines Change-Projekts. Erfahrungswissen und kreative Freiräume kommen dort zur Geltung, wo es um die Verbesserung von Produkten, Services und internen Prozessen geht. Unerlässlich bei allen Veränderungsprogrammen ist daher die richtige Kommunikation in der Umsetzungsphase. Denn allein die Ankündigung einer bevorstehenden Veränderung ist für viele schon mit Unsicherheit und Ängsten besetzt. Schnell zeigen sich die ersten Anzeichen von Widerstand, da die Antwort auf eine grundlegende Frage fehlt: Was bedeutet diese Veränderung für mich persönlich? Je länger diese Frage unbeantwortet bleibt, je länger mögliche Konsequenzen unklar bleiben, desto mehr Energie verpufft in Ängsten, Konfusionen und Problemen.

Diese Logik gilt nicht nur für die Ankündigung von Veränderungen, sie gilt für jede Form und Phase der Transformation. Unklare Kommunikation bremst, denn gerade große Veränderungsvorhaben können massive Zukunftsängste und Vorbehalte auslösen. Wer das Gefühl hat, alles werde plötzlich anders, gerät in massiven mentalen Stress. Die eigene Ausbildung, alle bisherigen Erfahrungen erscheinen wertlos. Man hat das Gefühl, alles neu erlernen zu müssen. Solche Sorgen binden Energie und Zeit, schaffen Reibung und Widerstände und führen bis hin zur Entwicklung eines Tunnelblicks, der die Verteidigung der eigenen Interessen ganz oben auf die Prioritätenliste setzt. Der Bereichsleiter eines internationalen Energiekonzerns schilderte uns im Gespräch, wie Ziele und Integrationsprogramme von der Strategieabteilung in einem reinen Top-down-Prozess für die oberste Hierarchieebene entwickelt werden: »Bei uns wird auf dem Reißbrett entschieden. Profit ist die wichtigste Zielgröße. Daraus ergeben sich

Einsparungspotenziale und Investitionsziele. Ob die Umsetzung operativ möglich ist, ist den Strategie- und Controlling-Abteilungen ganz offensichtlich egal.« Die Folge waren große Änderungswiderstände und ambitionierte Planzahlen, die sich nicht in die Realität umsetzen ließen.

Der Partner eines weltweit tätigen Technologiekonzerns berichtete uns, wie leere Versprechungen und Vorgaben von oben das Arbeitsklima vergiften können: »Wir haben eine große Beratungsfirma übernommen. Es wurde ein Integrationsprozess aufgesetzt und den Leuten versprochen: ›Ihr könnt weitermachen wie bisher.‹ Danach stülpte die Zentrale dem neuen Bereich ihre rigiden Planungs- und Controlling-Prozesse über. Plötzlich ging es nur noch um Zahlen. Etwa 75 Prozent der Berater haben in den fünf Jahren danach das Unternehmen verlassen. Sie haben keinen Sinn in den neuen Zielvorgaben gesehen.«

Die folgende Übersicht fasst die vier Aspekte, die das gemeinsame Bedeutungs- und Sinnerleben im Rahmen von Change-Projekten verhindern oder stark stören können, nochmals zusammen.

Was für Change-Initiativen Gift ist

- **Kennzahlenverliebtheit:** Finanzkennzahlen wie Umsatz und Gewinn suggerieren Kompetenz, Klarheit und Kontrolle, werden aber allzu häufig mit erstrebenswerten Change-Zielen verwechselt. Eine Quantifizierung von Projektergebnissen ist notwendig, darf aber kein Selbstzweck sein.

- **Buzzword-Bingo:** Abstrakte Formulierungen erzeugen Verunsicherung, Distanz und Vorbehalte, lassen Ziele

und Wege unklar werden und führen zu Deutungs-
orgien und Ablehnung.

- **Utopische Vorstellungen:** Realitätsferne Zielsetzungen machen die Change-Initiative zur Farce und verurteilen sie vom Start weg zum Scheitern. Außerdem untergraben sie die Glaubwürdigkeit dessen, der solche unrealistischen Ziele verkündet – häufig das Topmanagement selbst.

- **Vollendete Tatsachen und Pseudopartizipation:** Change-Initiativen werden ausschließlich top-down entwickelt, und Mitarbeitern wird nur vorgespielt, sie würden aktiv eingebunden. Mitarbeiter aber spüren, ob es sich um ehrliche Wertschätzung und wirkliches Interesse an ihrer Meinung handelt oder um reine Lippenbekenntnisse und Pro-forma-Aktionen.

●● WIE ES GEHT

Erst mit der Schaffung eines gemeinsamen Verständnisses bei allen über den Sinn von Veränderung werden die Grundlagen für zielgerichteten Wandel gelegt.

●●● Antworten, die das Warum erklären

Ein Change-Projekt hat insbesondere dann gute Chancen auf Erfolg, wenn es den Initiatoren gelingt, nachvollziehbar zu begründen, warum das Projekt notwendig und wichtig ist. Eine besondere Bedeutung für den Erfolg von Change-Initiativen hat daher die Klärung der Frage

nach dem Warum, dem Sinn, der Bedeutung eines Projekts. Am stärksten ist die Wirkung, wenn der Sinn sich nicht nur über die Ratio erschließt, sondern durch gemeinsame Erfahrungen, beispielsweise in
Pilotprojekten. Auf diese Weise lässt sich selbst bei großen strategischen Veränderungen Schritt für Schritt aufzeigen, welche Abläufe
und Verhaltensweisen die Mitarbeiter konkret im Arbeitsalltag verändern müssen. Dabei stellt sich oftmals heraus, dass viele Sorgen der
Change-Akteure, etwa dass durch die Veränderung alles umgekrem-
pelt wird und die eigene Leistung dann weniger wert ist, unbegründet
sind. Häufig reichen kleine Anpassungen im Arbeitsalltag bereits aus,
meist sind nicht mehr als zehn Prozent Veränderung nötig. Wenn den
Mitarbeitern gegenüber von Anfang an das notwendige Maß an Veränderung offen kommuniziert wird, sind sie nicht diffus überfordert.
Denn 70 oder 80 Prozent Veränderung traut sich kaum jemand zu,
geschweige denn eine 180-Grad-Wendung von heute auf morgen.
Und das zu Recht. Doch zehn Prozent halten die meisten durchaus für
realistisch und machbar, so manche gar für erstrebenswert, wenn sie
darin einen tieferen Sinn für sich selbst erkennen.

Insgesamt war in unseren Interviews auffällig, wie häufig die Warum-Frage thematisiert wurde und wie schwierig sie gleichzeitig für
viele Gesprächspartner zu beantworten war. Die Anmerkungen und
Ausführungen lassen sich plakativ in dem Zitat eines Interview-
partners zusammenfassen, der sinngemäß sagte: »Die Ziele meines
Unternehmens sind mir völlig klar: Profit und eine – wie es so schön
heißt – ambitionierte Entwicklung des Börsenkurses. Das ist das
Shareholder-Value-Prinzip. Und es fühlt sich für mich persönlich immer weniger richtig an. Immer häufiger ertappe ich mich bei der
Frage: Warum machst du das eigentlich noch?« Selbst Führungskräfte
auf oberster Ebene stellen sich die kritische Frage, ob eine Incentive-
Struktur, die rein auf monetären – mitunter gar kurzfristigen – Ziel-

größen aufbaut, die richtigen Anreize setzt. Ein Vorstandssprecher sagte uns hierzu: »Ein großes Problem für mich als CEO ist: Welche Anreize habe ich, langfristigen Wandel und nachhaltige Profitabilität zu unterstützen? Meine Anreizsysteme sind eher auf kurzfristige Profite ausgerichtet, mein Vertrag läuft drei Jahre. Aus meiner Sicht funktioniert der Shareholder-Value-Gedanke nicht mehr, bei dem Leute wie ich ausschließlich danach bezahlt werden, wie viel Profit sie dem Aktionär liefern!«

»Das Quartalsdenken, der damit verbundene Tunnelblick, hat uns mehr und mehr vom Markt entfernt. Das, was unsere Firma einmal groß gemacht hat, ist durch unseren eigenen Anspruch an finanzielle Performance verloren gegangen.«

In vielen Firmen wird die Warum-Frage von Change-Initiativen vor allem mit Absatz- und Renditezielen beantwortet. Doch dies nur scheinbar. Denn Kennzahlen beantworten nicht das Warum. Sie können zwar für eine gewisse Orientierung und für (die Illusion von) Messbarkeit sorgen. Aber sie stiften keinen gemeinsam erlebbaren Sinn, und sie fördern auch nicht die Identifikation mit der anstehenden Veränderungsaufgabe. Zum gleichen Thema sagte uns der Bereichsleiter eines Konsumgüterherstellers: »Ich glaube, dass 100 Prozent meiner Leute wissen, was sie jeden Tag tun. Viele wissen auch, wie sie das umsetzen. Aber nur sehr wenige wissen heute, warum sie tun, was sie tun, und mir geht es da offen gesagt nicht anders.«

Doch ebenso wie uns viele Gesprächspartner davon berichteten, wie Change-Projekte nicht funktionieren, so ließen sie keinen Zweifel daran, wie es im Idealfall laufen sollte: Statt Buzzword-Bingo, Überzeugungsdruck und imposanter Change-Kulissen sollten Inspiration, Spaß am gemeinsam bewältigten Prozess der Veränderung und Unternehmergeist den Wandel zielgerichtet antreiben. Voraussetzung dafür ist echter Teamgeist, und genau das ist die eigentliche Idee der Partizipation: Das Team kann dann mehr als der Einzelne, wenn das gemeinsame Verständnis der Teammitglieder von der Bedeutung und Sinnhaftigkeit der zu bewältigenden Change-Aufgabe diese zusammenhält und zum Leitbild eines Veränderungsvorhabens hin ausrichtet.

●●● Change-Leitbilder als Orientierung

Nicht nur die Frage nach dem Warum eines Change-Projekts muss beantwortet werden. Auch wirklich verstandene, verinnerlichte und von allen Managern und Mitarbeitern mitgetragene Leitbilder sind eine wesentliche Hilfestellung für das Gelingen von Change-Projekten. Statt Kommunikationskampagnen aus der Retorte sollte es deshalb das Ziel der Unternehmensführung sein, ein originäres Change-Leitbild für Veränderungsprojekte zu entwickeln, das die Vergangenheit des Unternehmens oder eines Bereichs ebenso würdigt wie die aktuellen Herausforderungen und die Zielvorstellungen für die Zukunft. Daraus abgeleitete oder dadurch gestützte Veränderungsziele sollten so anschaulich und konkret formuliert werden, dass in den Köpfen aller Beteiligten ein möglichst einheitliches Bild, eine gemeinsame Vision des zielgerichteten Wandels in den drei Dimensionen Vergangenheit, Gegenwart und Zukunft entsteht. Neben der ganz praktischen Ebene der gemeinsam erlebten Bedeutung für das Warum kann ein von allen gleich interpretiertes und verstandenes Leitbild für jedwedes Change-Vorhaben einen stabilen und hilfreichen Rahmen bieten, an dem sich während des Veränderungsprozesses alle orientieren können. Anders ausgedrückt: Strategische Ziele werden besser lesbar für Führungskräfte und Mitarbeiter, wenn sie auf ein gemeinsames Leitbild einzahlen oder erkennbar damit korrespondieren.

So können Change-Akteure, denen zielgerichteter Wandel am Herzen liegt, beispielsweise Visualisierungen ihrer Leitbilder in Vorstandsbüros, Kaffeeküchen, Büroräumen oder Tagungszimmern aufhängen. Immer wenn sich die Diskussion im Rahmen eines Change-Projekts in Details verliert, gibt es so die Möglichkeit, dass einer der Anwesenden die kollektive Aufmerksamkeit auf das gemeinsame Leitbild lenkt:

- »Was hat unsere Diskussion mit unserem Leitbild zu tun?«
- »Welchen Beitrag hierzu wollen wir konkret leisten?«
- »Reden wir gerade in der Sprache der alten Welt – von Produkten und technischen Details – oder überlegen wir uns, wie unsere Kunden ihre Ziele schneller erreichen können?«

Der Begriff »Bild« kommt in diesem sprachlichen Zusammenhang nicht von ungefähr. Zwei Drittel der Großhirnrinde unseres Gehirns[4] sind an der Wahrnehmung, Interpretation und Reaktion auf visuelle Reize beteiligt. Wir denken in Bildern. Bilder lösen in uns Gefühle aus, Bilder motivieren und begeistern uns, denn sie sind anschaulich und konkret. Die Erkenntnisse der Kognitionsforschung belegen: Während abstrakte Begriffe und Erklärungen nur sequenziell hintereinander verarbeitet werden können, vermitteln Bilder direkt komplexe Muster und ermöglichen so das Erfassen von übergreifenden Zusammenhängen nicht nur auf der Verstandesebene, sondern auch auf der Ebene der Emotionen und der Intuition.

»Strategie, Change, Innovation, Customer Centricity – alles abstrakte Begriffe, unter denen jeder, der sie in den Mund nimmt, etwas anderes verstehen kann. Ich habe eine ganz einfache Faustregel: Kann man es zeichnen, dann ist es klar. Alles andere öffnet den Raum für Interpretation.«

Aber wie können nun abstrakte Begriffe in Leitbilder übersetzt werden, die alle Change-Beteiligten verstehen? Etwa durch beispielhafte Szenen, die den Zustand nach der Zielerreichung anschaulich beschreiben. Die geplante Veränderung kann dabei die schlichte Umorganisation selbst kleiner Bereiche betreffen, das Umstellen von einem IT-Betriebssystem auf ein anderes, die Sanierung eines angeschlagenen Unternehmens, die Umgestaltung der Unternehmenskultur, eine geänderte Markenpositionierung oder ein neues, kundenorientiertes Verhalten. Zielgerichteter Wandel reicht also von kleinen Veränderungen für wenige Mitarbeiter bis hin zum erwünschten Verhaltensschwenk Tausender Menschen.

Der Geschäftsführer eines mittelständischen Unternehmens sagte uns dazu: »Ein Leitbild darf nicht abstrakt sein, sondern muss so konkret formuliert werden wie möglich. Worte wie ›mehr‹, ›viel‹, ›besser‹ et cetera sind keine klaren Ziele, sondern diffuse Aussagen.«

Leitbildentwicklung inszenieren

In einem Maschinenbauunternehmen geht der Strategiechef einen neuen Weg, um allen Change-Beteiligten die neue strategische Ausrichtung der Firma zu vermitteln. Es werden strategische Dialogbilder – also Such- oder Wimmelbilder – entwickelt, um den Kosmos des Unter-

nehmens darzustellen. Allein die Entwicklung der Bilder erzeugt in der Managementebene eine positive Stimmung. Anschließend erzählen die Führungskräfte mehreren Hundert die Entwürfe des Leitbilds als Bildergeschichte und bitten aktiv um Feedback. Die Mitarbeiter können ihre Meinung mittels Post-its an Ständen kundtun, auf denen der aktuelle Stand des Leitbilds abgebildet ist. Die Rückmeldungen sind sehr konstruktiv: Niemand stellt das große Ganze infrage, die Rückmeldungen betreffen überwiegend Details, führen aber durchaus zu wichtigen Ergänzungen. Als das Change-Leitbild fertig ist, werden alle Führungskräfte befähigt, mit ihren Teams den Teambeitrag zur Gesamtstrategie zu entwickeln. Dabei muss jeder Mitarbeiter seine Version der im Leitbild dargestellten Geschichte mit zwei Kollegen teilen. Dabei leitet sie die Frage »Was sind aus meiner Sicht die wichtigsten Punkte und Ziele?«. Wer etwas in eigene Worte fasst, erzählt die Geschichte automatisch so, dass sie für ihn persönlich einen Sinn ergibt. Diese einfache Übung gewährleistet, dass jeder Mitarbeiter jene Aspekte auswählt, die für ihn besonders wichtig und motivierend sind.
Der Effekt dieser Form der partizipativen Leitbildentwicklung ist außergewöhnlich: Als im folgenden Jahr die Zustimmung der Mitarbeiter zur Unternehmensstrategie erhoben wird, ist diese um mehr als 50 Prozent gestiegen.

Bei der Entwicklung eines Leitbilds für zielgerichteten Wandel gilt es auf jene erfolgskritischen Situationen im Kontakt zu den Kunden oder im innerbetrieblichen Miteinander zu fokussieren, die auf lange Sicht die Verwirklichung der strategischen Ziele ermöglichen oder verhindern; Momente der Wahrheit, welche den Nutzen externer oder interner »Kunden« des Vorhabens am stärksten prägen und damit deren Zufriedenheit, Loyalität, Wiederkaufs- und Empfehlungsbereitschaft. Denn am Ende zeigt sich immer im Kontakt zwischen Menschen, sei es als Konsumenten eines Produkts oder einer Dienstleistung oder als Mitarbeiter und Geschäftspartner, ob ein Veränderungsprozess gelingt.

Wenn die beteiligten Change-Akteure kein klares, konkretes Leitbild vor Augen haben, wenn sie die damit verbundenen Zielsetzungen also nicht verstehen, haben sie auch keinen Anhaltspunkt, um nach konstruktiven Lösungen zu suchen, sondern sie tun das genaue Gegenteil: Sie suchen nach Gründen, warum das Veränderungsprojekt abzulehnen ist. Schließlich haben die Mitarbeiter ihr berufliches Leben bislang gemeistert. Warum sollten sie also etwas ändern, wenn sie nicht wissen, warum? In vielen unserer Interviews wurden Missverständnisse thematisiert, weil man »immer wieder aneinander vorbeiredet«, »Briefings völlig anders verstanden wurden« oder weil schlicht »nicht mitgedacht wird«. So früh wie möglich sollte daher ehrlich, offen und klar kommuniziert werden. Denn Unsicherheit bewirkt Angst – und Angst ist Gift für wirkungsvolle Veränderungen. Dazu sagte uns ein Geschäftsführer: »Missverständnisse eröffnen immer Interpretationsspielräume – und ich weiß nicht, ob es eine deutsche Mentalitätsfrage ist, aber wenn Führungskräfte und Mitarbeiter Interpretationsraum gegeben wird, dann wird immer etwas Negatives hineininterpretiert.« Wenn Mitarbeiter in einer Gedanken- und Angstspirale um ihre Existenz gefangen sind, schadet das dem Change-Prozess ebenso wie der ganz alltäglichen Arbeit.

➡ **Zielgerichteter Wandel ist nur in einem angstfreien Umfeld möglich.**

Richtig verstanden kann die Kommunikation von strategischen Zielen ein breites Spektrum an Reizen und Zugängen eröffnen, um Change-Leitbilder und mit ihnen verbundene Ziele (im weiteren Sinne) auf immer wieder andere Art und Weise zu vermitteln. Der Kommunikationschef eines Unternehmens erzählte uns: »Wir haben damals mit Werten begonnen und sie bewusst auch provokativ kommuniziert, um Auseinandersetzung zu erzeugen. Wir haben auch überlegt, wie wir das zeigen können. Wir haben zum Beispiel die ganze Militärsprache mit ihrer Kampfrhetorik abgeschafft und durch eine Gärtnersprache ersetzt, in der es um Nährboden, Wachstum, Pflege und Entwicklung geht. Schon das hat das Klima verändert.«

Doch Vorsicht: Nur auf Emotionen zu setzen und in der Kommunikation im Rahmen von Change-Projekten den konkret erlebbaren Sinn außen vor zu lassen, ist wenig zielführend. Der Vorstand einer führenden Kette für Consumer-Elektronik beschrieb das in einem Gespräch mit uns so: »Langatmig wurde mir präsentiert, wie man die Mitarbeiter für das neue Projekt begeistern wollte, mit welchen raffinierten Methoden die Strategie vermittelt und den Leuten verständlich gemacht werden sollte und mit welchem Kommunikationsaufwand eine Emotionalisierung erzeugt werden sollte, damit die Mitarbeiter beginnen, sich zu fragen, wie sie sich für das Neue einsetzen können in ihrer täglichen Arbeit. Ich habe dann folgende Frage gestellt: Was konkret soll denn der Berater im Kundengespräch künftig anders machen? Wie soll sich die Dame an der Kasse künftig verhalten? Große Augen. Und Stille. Darüber hatte man sich noch keine Gedanken gemacht.«

Nicht selten werden Leitbilder dafür kritisiert, dass sie häufig ein Idealbild beschreiben, welches wenig mit der Realität gemein hat und keine Antwort darauf gibt, wie dieses Idealbild Wirklichkeit werden soll. Dies mag sicherlich in vielen Fällen stimmen. In unseren Interviews konnten wir aber auch viele Beispiele für starke Leitbilder von Change-Projekten identifizieren, die alles andere als schönfärberisch waren. Im Gegenteil: Eine wichtige Erkenntnis unserer Expertengespräche und Erfahrung ist, dass Führungskräfte und Mitarbeiter die ganze Wahrheit – auch wenn sie hart ist – besser vertragen als eine geschönte Hochglanzversion einer Utopie, an die ohnehin niemand glaubt.

Ein gutes Leitbild in Unternehmen im Allgemeinen und im Rahmen von Change-Projekten im Besonderen zeichnet vor allen Dingen folgende Punkte aus:

- Es beschreibt die positiven Möglichkeiten, ohne die negativen Aspekte auszusparen, und ist in diesem Sinn ehrlich und realistisch.
- Je klarer und anschaulicher es ist, desto stärker ist seine motivierende Wirkung.
- Es greift die Vergangenheit auf und spiegelt ein ausgewogenes Verhältnis zwischen den bestehenden Stärken und Erfahrungen und den neuen Herausforderungen und Verhaltensweisen.
- Je nüchterner und ehrlicher die Prognose zu den mit einem Change-Projekt verbundenen Herausforderungen, Einschnitten und Maßnahmen, desto positiver die Resonanz auf das Leitbild und den damit verbundenen Grad der Kooperationsbereitschaft.

Einer unserer Interviewpartner nannte uns das verblüffend einfache Leitbild seines Unternehmens – einer Restaurantkette: »Jeder Gast soll mit einem zufriedenen Lächeln das Restaurant verlassen.« Ganz ohne Buzzwords, ganz ohne Schnörkel, dafür aber ganz konkret. Dort hat jeder Mitarbeiter eine klare Vorstellung davon, wie er zu diesem Lächeln beitragen kann. Zum Beispiel mit frischen, hervorragend zubereiteten Speisen, mit einer zuvorkommenden Bedienung, mit einem tollen Kinderservice und sauberen Sanitäranlagen, mit motiviertem und freundlich grüßendem Personal, das für seinen Einsatz auch fair bezahlt wird.

> ➡ **»Es wäre in vielen Fällen hilfreich, das Management würde sich stärker in die Situation der Beteiligten hineinversetzen und eine Sprache sprechen, die in deren Köpfen Mitdenken auslöst.«**

Das bedeutet indes nicht, dass nicht in vielen Unternehmen neue Leitbilder entstehen müssten, die die verschiedenen Change-Initiativen besser grundierend ausrichten, als das bisherige Leitbilder tun können. Dazu muss klar sein, welche Inhalte das Leitbild transportieren soll. Die Frage ist also: Wie kann die Entwicklung eines sinnvollen neuen Leitbilds gelingen? Eine Methode dafür ist die einer Kombination aus Tiefeninterviews, interaktiven Kollaborationsformaten und Visualisierung.

Dabei empfiehlt es sich, zunächst in Tiefeninterviews zu untersuchen, welche Erwartungen und Vorstellungen im Hinblick auf das Change-Thema jene Akteure haben, auf die es für eine erfolgreiche Umsetzung ankommt. Die Interviews sollten die unterschiedlichen Perspektiven derer erfassen, die wesentlich für das Gelingen des Change-Projekts sind, zum Beispiel das Management, erfahrene und junge Mitarbeiter, betroffene Funktionen, Experten und im besten Fall auch Kunden. Die Frage dabei ist: Welches Bild von der Zukunft ist in den Köpfen einzelner Akteure vorhanden, welche Vorstellung von den langfristigen Zielen des angestrebten Wandels haben sie und wie soll das Unternehmen aus ihrer Sicht von Mitarbeitern und Kunden in Zukunft wahrgenommen werden?

Die wichtigsten Prämissen, Glaubenssätze und Statements zum Warum, Was und Wie werden anschließend in einer sogenannten *Heatmap* visualisiert: Sie beantwortet unter anderem die Frage, bei welchen Punkten unter den befragten Akteuren und Stakeholder-Gruppen große Übereinstimmung herrscht (etwa »Digitalisierung ist für unser Unternehmen das wichtigste Zukunftsthema«) und wo die Einschätzungen weit auseinandergehen (zum Beispiel »Wir brauchen einen digitalen Direktvertrieb«). Bei einem solchen Vorgehen zeigen sich meist große Unterschiede, ja sogar geradezu gegenläufige Annahmen über die grundlegende Ausrichtung in einzelnen Themenbereichen. Ist das aber der Fall, dann ist es unbedingt notwendig, im intensiven Austausch ein gemeinsames Denkmodell für ein Leitbild eines anstehenden Change-Projekts zu entwickeln. Die Methode der Visualisierung kann dabei als effektives Orientierungsinstrument dienen, um am Ende des Leitbildprozesses sicherzustellen, das alle relevanten Akteure die gleiche Geschichte über den zielgerichteten Wandel verinnerlicht haben, wiedergeben und leben können.

●●● Die Kraft von Geschichten und strategische Ziele, die für alle verständlich sind

Was für Leitbilder gilt, gilt auch für die damit verbundenen strategischen und operativen Ziele: Sie müssen konkret, klar und verständlich sein, damit sie gemeinschaftlich als sinnvoll erlebt werden können und so das Gelingen von Change-Projekten befördern. Leitbilder richten nur dann alle beteiligten Akteure aus und motivieren sie, wenn sie genutzt werden, um den Beitrag des Einzelnen zum Gesamterfolg zu klären und Selbstbezug zu erzeugen.

Dabei sollte es das zentrale Ziel eines kommunizierten Leitbilds immer sein, neben der Information vor allem die sinnliche Erfahrung eines Change-Vorhabens zu ermöglichen, es spürbar und erlebbar zu machen und so Impulse zu setzen, die eine innere Auseinandersetzung und den Austausch mit Kolleginnen und Kollegen anstoßen.

Kommunikation, die das Gelingen von Change-Projekten und so den zielgerichteten Wandel unterstützt,

- setzt auf anschauliche Beispiele, also auf Geschichten statt auf Faktenvermittlung,
- beschreibt konkrete Situationen, in denen sich eine Strategie verwirklicht, aus den Augen des Empfängers,
- spricht in der Sprache und mit den Bildern dessen, der sie verstehen soll,
- ist immer wertschätzend und auf Augenhöhe,
- redet über den Sinn und verwirrt nicht mit Überflüssigem, erzählt eine Geschichte, die jeden betrifft und jedem die Möglichkeit gibt, sie für sich zu interpretieren.

Spannende Geschichten von der Zukunft: Durch Visualisierung unterstützte Kommunikation von Strategien, die als Change-Prozess verstanden werden können

Aufgrund massiver und abrupter Marktveränderungen ist ein führendes Unternehmen in der Nutzfahrzeugbranche in Schieflage geraten. Mit harten Einschnitten kann der größte Standort zwar wieder stabilisiert werden und durch die Konzentration auf ausgewählte Kernprodukte in eine stabile Gewinnzone zurückkehren.

Aber im Führungsteam ist allen klar, dass dieser erste Erfolg nur einen Etappensieg darstellt. Die aufgrund der Marktveränderungen nötige neue Strategie wird dabei

Veränderungen des Unternehmens auf vielen Ebenen nach sich ziehen. Die Herausforderung lautet jetzt: Wie kann man allen Mitarbeitern von den Topführungskräften über das mittlere Management bis zu den Meistern und ihren Teams an den Produktionsbändern diese neue Strategie vermitteln?

Eine Möglichkeit, dies zu erreichen, besteht in der Visualisierung der Unternehmensstrategie als Wissenslandkarte. Die Karte zeigt vier zentrale Aspekte, die sich als Fragen formulieren lassen:

1 / Wo kommen wir her? Worauf sind wir stolz?

2 / Was sind die (schmerzhaften) Realitäten, denen wir uns täglich stellen müssen und auch künftig stellen werden, also die Dinge, über die man so ungern spricht, die man aber akzeptieren muss, weil sie nicht zu ändern sind?

3 / Wohin soll die Reise gehen und warum ist das unser Ziel?

4 / Welches sind die drei wichtigsten strategischen Initiativen, die uns dorthin bringen, und wie konkret wirken sie sich auf den Arbeitsalltag aus?

All diese Punkte werden auf einer Strategiekarte visualisiert – und zwar komplett ohne Worte. Es wird nur mit Bildern gearbeitet.

Das weitere Vorgehen ist einfach. Zunächst wird die Karte im Führungskreis vorgestellt und erklärt. Dann gehen die

Kollegen aus dem Führungskreis auf ihre jeweiligen Bereiche zu und erläutern in ihren Worten die Strategie. So geht es weiter über die Hierarchieebenen hinweg – bis zu den Mitarbeitern am Band, wo der Werkmeister mit seiner Schicht spricht. Entlang der Bilder erzählt er die – im Prinzip gleiche – Geschichte wie die Kollegen aus dem Führungskreis, doch dies mit Begriffen und Aussagen, die von seinen Kollegen sofort verstanden werden. Wo am Anfang, also auf der Führungsebene, noch von »schnelleren Innovationszyklen« die Rede war, heißt es jetzt: »Jede Idee zählt. Wenn euch etwas ein- oder auffällt, wie wir am Band noch schneller die Fahrzeuge montieren, dann sagt es mir. Meldet euch. Jeder Vorschlag ist wichtig, und ich werde dafür sorgen, dass das Ganze dann auch in die Produktionsabläufe einfließt.«

Dass mit einer solchen Methodik neue, bislang unbekannte Akzente in der Weitergabe von Geschichten gesetzt werden, ist kein Zufall. Denn Menschen sind nun einmal verschieden. Es gibt den nüchternen Analytiker und Verstandesmenschen; es gibt denjenigen, der immer handfeste Resultate sehen möchte; es gibt den Entertainer, der gute Geschichten und Pointen liebt; es gibt den Beziehungsmenschen, der Bezugspersonen und die Einbindung in eine Gruppe braucht, um sich wohlzufühlen. Menschen reagieren unterschiedlich auf Argumente, weil sie die Welt nach unterschiedlichen Kriterien deuten. Eines ist uns aber allen gemeinsam: Faktenwissen können wir uns viel schwerer aneignen als Geschichten. Der menschliche Geist lässt sich schnell ablenken; ein Telefonat, eine neue Aufgabe, die tägliche Routine – und schon sind Details und Fakten aus dem Bewusstsein verdrängt. Geschichten aber bleiben dauerhaft in unserem Gedächtnis, weil sie Zusammenhänge erklären, Inhalte mit Bildern verknüpfen und in einen erzählerischen Kontext setzen. Und dieser Kontext ist – jenseits der Gleichheit der Bilder auf der visualisierten Strategieland-karte – an der Werkbank ein anderer als im Führungskreis.

»Eine gute Unternehmensstrategie ist die spannende Geschichte, die ein Unternehmen über seine eigene Zukunft erzählt.«

Menschen erkennen und erinnern Geschichten anhand sehr einfacher Merkmale: Es gibt einen Anfang und ein Ende, und in der Mitte passiert etwas – der sogenannte Wendepunkt –, der nicht selten zu einer überraschenden und unerwarteten Veränderung führt. Interessanterweise erfüllen Erfolgsgeschichten, wie sie gerne in Unternehmen erzählt werden, diesen Anspruch gerade nicht. Vielleicht ist das auch der Grund, warum in nicht wenigen Unternehmen Best-Practice-Storys oft Gähnen hervorrufen. Sie kennen meist keinen Bruch und keine überraschende Wende, sondern verlaufen linear. Sie gehen daher an den Grundprinzipien vorbei, die eine Geschichte im Gedächtnis verankern und auch Identifikationspotenzial in sich bergen. Denn wessen Leben und Karriere verläuft schon linear? Das hat auch Howard Schultz, der Gründer und CEO von Starbucks, verstanden, der seine Unternehmensgeschichte gerne mit den Worten beginnt: »Wie ich Starbucks an den Rande des Ruins brachte und wieder zurück.«

Die folgende Übersicht fasst die Aspekte, die das gemeinsame Bedeutungs- und Sinnerleben im Rahmen von Change-Projekten unterstützen und fördern können, nochmals zusammen.

Was Change-Initiativen beflügelt

Klare Antworten auf die Sinnfrage: Die Frage nach dem Warum eines Change-Vorhabens sollte eindeutig beantwortet werden, da ohne eine sinnstiftende Zielsetzung bei den Change-Akteuren weder Motivation noch Engagement ausgelöst werden. Beides ist nötig, damit zielgerichteter Wandel Wirklichkeit werden kann.

Eindeutiges Change-Leitbild: Als Team ein klares Leitbild zu entwerfen schwört die Menschen auf die gemeinsame Change-Idee ein. Die Beteiligten bekommen einen leichteren Zugang zu den mit dem Wandel erforderlichen Maßnahmen und können die damit verbundenen Verhaltens- oder Einstellungsänderungen auf diese Weise schneller mit einem persönlichen Sinn verknüpfen.

Verzicht auf abstrakte Begriffe: Der Weg eines Change-Projekts und seiner Wirkungen sollte sich wie eine spannende Geschichte über dessen Zukunft erzählen lassen und zugleich hinreichend konkret sein. Uneindeutige Kommunikation ist wertlose Kommunikation, da ihr die nötige Substanz fehlt, um den zielgerichteten Wandel auf den Weg zu bringen.

•• DER SINNSTIFTER UND SEINE ROLLE IM VERÄNDERUNGSPROZESS

Veränderung hin zum Positiven kommt nicht von allein. Es braucht Menschen, die sich gemeinsam dafür einsetzen, dass das Unternehmen vorwärtskommt, dass die Geschäfte gut laufen und dass angestoßene Change-Initiativen erfolgreich umgesetzt werden können. Wie schon ausgeführt haben wir anhand unserer Forschungsergebnisse vier Change-Typen identifiziert, die eine besondere Rolle für gelingende Change-Prozesse spielen. Im ersten Aktionsfeld zielgerichteten Wandels, in dem es um die Ermöglichung gemeinsamer Erfahrung von Sinn und Bedeutung von Change-Projekten geht, spielt diese besondere Rolle der Sinnstifter. Er wird sowohl auf der Managementebene als auch in der Belegschaft gebraucht, um Change-Initiativen anzustoßen.

Der Sinnstifter weist besondere Eigenschaften auf und hat besondere Fähigkeiten. Er ist ein intuitiver Mensch, der von einer starken persönlichen Grundüberzeugung geprägt wird. Seine überschwängliche, emotionale Art wird von anderen oft fälschlich als persönliche Nähe und Vertrauen gedeutet, obwohl er sich eher mit einer Idee verbunden fühlt als mit einzelnen Menschen.

➡ **Der Sinnstifter hat ein Gespür für übergeordnete Strömungen und entwickelt daraus eine inspirierende, begeisternde Vorstellung über die Zukunft seines Unternehmens, seiner Organisation oder der anstehenden Aufgabe.**

Der Sinnstifter ist ein Visionär, ein Vordenker. Er hat ein Gespür für übergeordnete Strömungen und will daraus eine inspirierende, begeisternde Vorstellung über die Zukunft seines Unternehmens, seiner Organisation oder der anstehenden Aufgabe entwickeln. Er hat die Gabe, fiktional zu denken, sich also erstrebenswerte künftige Zustände bildlich und szenisch vorzustellen. Sein wichtigstes Instrument ist eine spannende und inspirierende Geschichte über die Zukunft, in der sich jeder Betroffene verorten kann. Der Sinnstifter genießt es, vor Publikum zu stehen und mit ihm seine Zukunftsvisionen zu teilen. Er verfügt über klare Prinzipien und Werte, die sich in den von ihm vertretenen Ideen widerspiegeln. Weil er Ideen als etwas sehr Wertvolles betrachtet, für das es sich zu kämpfen lohnt, strahlt er innere Stärke aus und verfügt über eine hohe Überzeugungskraft. Man spürt seine Liebe zu den Ideen, die er vertritt, seine Begeisterung ist geradezu ansteckend. Seine starke Verbundenheit mit bestimmten Ideen verleiht ihm ein klares, unverwechselbares Profil. Es ist unverkennbar, welche Werte und Ideale ihn leiten, weil er ein fast missionarisches Bedürfnis hat, darüber zu sprechen. Von Zweiflern wird er als naiv dargestellt, weil er das gemeinsame Leitbild beschwört und stets die Möglichkeiten und Chancen hervorhebt.

Der Sinnstifter kann die Unternehmensperspektive und die übergeordneten Zielsetzungen anschaulich schildern und weiß, welche Sprache er verwenden muss, um Menschen emotional zu erreichen und ihr Verständnis für die gemeinsame Sache zu gewinnen. Er wendet die gleichen Prinzipien nach innen wie nach außen an, um ein stimmiges Bild zu erzeugen. Er weiß, dass es der falsche Weg ist, Menschen sein Weltbild aufzudrücken oder ihnen eine Vision in Form von Hochglanzbroschüren oder animierten Präsentationen top-down zu »verkaufen«. Er stellt lieber die richtigen Fragen, hört zu und bezieht all jene in die Entwicklung des Leitbilds mit ein, die er braucht, um das gemeinsame Unternehmen zum Erfolg zu führen.

Der Sinnstifter weiß: Die meisten Change-Projekte scheitern, weil die eingebundenen Menschen ganz unterschiedliche Vorstellungen über Ziel, Zweck und Vorgehen im Kopf haben.

Der Sinnstifter vermittelt Sinn und Bedeutung anhand von Metaphern und Beispielen. Sein Hauptanliegen ist es, eine gemeinsame Vorstellung über die erstrebenswerte Zukunft des Unternehmens in den Köpfen aller Beteiligten zu erzeugen; eine Vorstellung, die begeistert, motiviert und Energie entfaltet. Er denkt in kulturellen und gesellschaftlichen Zusammenhängen und stellt gerne Grundsatzfragen nach dem Warum und Wofür. Gemeinsame Bedeutung entsteht nach seiner festen Überzeugung nicht durch permanente Kommunikation, salbungsvolle Rhetorik oder beständigen Druck, sondern durch tiefere Einsicht und Hinwendung zu denen, die man gewinnen will. Er vertraut der Sogwirkung seiner strategischen Ideen. Der Sinnstifter möchte Anhänger für seine Idee gewinnen, begeisterte Fans, die seine Vision aufgreifen und in ihren Bereichen weiter konkretisieren. Statt die handelnden Akteure mit Forderungen nach neuem Verhalten zu konfrontieren oder sie mit Patentrezepten zu beglücken, setzt er auf ein grundlegendes gemeinsames Verständnis.

Der Sinnstifter weiß: Die meisten Change-Projekte scheitern, weil die eingebundenen Menschen ganz unterschiedliche Vorstellungen über Ziel, Zweck und Vorgehen im Kopf haben. Deshalb ist er bereit, Zeit und Energie zu investieren, um seine Überzeugungen verständlich zu vermitteln und so lange im Team zu diskutieren, bis sich ein überzeugendes und mitreißendes Bild von der erstrebenswerten Zukunft konkretisiert hat. Er ist sich bewusst, dass seine Sichtweise auf die Sache subjektiv ist, und sucht deshalb das Gespräch mit allen Interessengruppen, um möglichst viele Perspektiven und Sichtweisen kennenzulernen, bevor er das gemeinsame Leitbild finalisiert.

Der Sinnstifter hat ein gutes Gespür für Notwendigkeiten und Dringlichkeiten des Change-Projekts. Auch wenn er weiß, dass der Überbringer negativer Nachrichten sich unbeliebt macht, hat er den Mut, unangenehme Tatsachen auszusprechen, Menschen auf unbewusste negative Denk- und Verhaltensweisen aufmerksam zu machen und sie für Neues zu motivieren. Er akzeptiert und schätzt die Vergangenheit, und er begründet nachvollziehbar, warum der bisherige Zustand verbessert werden muss. Er verwendet keine abstrakte, diffuse Managementsprache, sondern schildert konkret, beispielhaft und anschaulich, wie der zielgerichtete Wandel erreicht werden soll. Dabei strahlt er innere Sicherheit und Überzeugung aus. Ihm ist bewusst, dass Aktionäre anders denken als die Arbeiter am Fließband. Deshalb schildert er die Geschichte von der Zukunft des Unternehmens aus der Sicht aller Zielgruppen, zeigt ihnen den damit verbundenen Nutzen auf und spricht ihre Sprache. Er weiß auch, dass eine Geschichte schnell vergessen ist, wenn man sie nur einmal erzählt. So hat er die Geduld und nötige Beharrlichkeit, seine Geschichte immer wieder zu erzählen, in leichten Nuancen, mit unterschiedlichen Gewichtungen, so wie einen guten Fortsetzungsroman, der zwar ein Thema behandelt, aber doch immer wieder neue Einblicke und Einsichten gewährt.

Der Sinnstifter kommandiert nicht aus dem Befehlsstand, sondern kommuniziert auf Augenhöhe mit allen Interessengruppen. Im Zeitalter der Informationsüberflutung und des Wettkampfs um die begrenzte Ressource Aufmerksamkeit ist es eine Daueraufgabe, Sinnhaftigkeit zu vermitteln. Das muss täglich stattfinden, um das flüchtige Bewusstsein auf den Wesenskern der gemeinsamen Aufgabe und das angestrebte Leitbild zu fokussieren. Der Sinnstifter achtet darauf, dass alle beteiligten Personen und Bereiche nie das gemeinsame

Ziel aus den Augen verlieren, und vermeidet so Insellösungen und Silodenken.

Diskutieren und sich einbringen ist hierarchiefrei und wird von allen gefordert. Im richtigen Zeitpunkt Entscheidungen zu treffen und diese dann mit voller Konsequenz umzusetzen hingegen ist hierarchisch und wird durch Rollen und Spielregeln festgelegt. Kritische Fragen sieht der Sinnstifter als willkommene Gelegenheit, miteinander ins Gespräch zu kommen. Denn: Wer Einwände vorbringt und kritisch hinterfragt, der bemüht sich um Verständnis. Deshalb würdigt der Sinnstifter konstruktive Kritik und ärgert sich gleichzeitig über Leute, die widerspruchslos alles hinnehmen, denn sie bringen ihn auf der Suche nach Sinn und Bedeutung nicht weiter.

Der Sinnstifter achtet darauf, dass alle beteiligten Personen und Bereiche nie das gemeinsame Ziel aus den Augen verlieren, und vermeidet so Insellösungen und Silodenken.

Veränderung passiert täglich und automatisch. Jedes Unternehmen ist eingebunden in ein dynamisch sich änderndes Umfeld. Auch wenn der Sinnstifter das gemeinsame Leitbild täglich unter anderen Aspekten vermittelt, ist er bereit, es immer anzupassen, wenn sich neue wichtige Erkenntnisse ergeben. Dabei achtet er darauf, dass der Unternehmenszweck und die zugrunde liegenden Werte und Ideale als Kern aller Überlegungen konstant und berechenbar bleiben, alle Veränderungen nachvollziehbar erklärt und auf die beste mögliche Weise im Unternehmensalltag verwirklicht werden.

Gemeinsame Bedeutung entsteht nicht durch Verkünden, sondern durch Auseinandersetzung, durch Dialog, durch das Aufgreifen und Behandeln von Dissonanzen und durch sinnliche Erfahrung. Der

Sinnstifter weiß: Wenn Menschen das Gefühl haben, dass ihre Einwände und Sorgen ernst genommen werden, wenn sie am konkreten Beispiel erfahren, dass es für alle Einwände konstruktive Lösungen gibt, wenn sie etwas selbst ausprobieren und dabei auch scheitern können, dann erreicht man damit eine tiefe, ehrliche Identifikation mit den Zielsetzungen des Unternehmens. Bei umfangreichen Veränderungsinitiativen, die viele Personen und Ebenen umfassen, organisiert der Sinnstifter daher einen kontinuierlichen horizontalen und vertikalen Rückmelde- und Lernprozess. Er ist sich bewusst und macht bewusst, dass die Frage der gemeinsamen Bedeutung die Grundlage jedes gemeinsamen Erfolgs ist.

Gerade zu Beginn von Change-Projekten spielt der Sinnstifter eine wichtige Rolle, denn er hat ein klares Bild vor Augen, eine konkrete Vorstellung von der nötigen Veränderung. Sein Antrieb ist das Wofür, also die Ideale, die er verwirklichen will. Er hat aber auch schon eine konkrete Vision vom Was, also der Art und Weise, wie er diese Ideale verwirklichen möchte. Der Sinnstifter lebt für seine Mission, ist getrieben von Sinn und Bedeutung. Er ist in der Lage, die Beteiligten zu überzeugen, und er ist stets bereit, seine innere Überzeugung auch gegen Skepsis und Widerstände durchzusetzen, Gegenargumente zu entkräften und für Akzeptanz zu werben.

Seine Herausforderung ist, sich nicht in konzeptioneller Arbeit zu verlieren, sondern konkrete Schritte zur praktischen Umsetzung der Change-Initiative einzuleiten. Es geht darum, die Idee so schnell wie möglich zur Marktreife oder ganz allgemein zur Lösung zu bringen, sich die Zeit gut einzuteilen, ein Team aufzubauen, das in der Lage ist, Ergebnisse zu liefern, sobald die Nachfrage nach der Leistung sich konkretisiert, egal ob es sich dabei um ein Produkt für zahlende Kunden oder um eine interne Dienstleistung handelt. Dabei muss der Sinnstifter bereit sein, mit den Beteiligten in Dialog zu treten, die Wirkung der angedachten Lösung zu testen und seine Vision möglichst schnell so zu optimieren, dass die Zielgruppe sie als attraktiv und begehrenswert empfindet. Dieses Prinzip gilt immer, egal ob es sich bei einem Change-Projekt um eine neue Anwendung für den Massenmarkt handelt oder um die Etablierung eines Compliance-Prozesses in einem Großkonzern.

➡ **Unternehmen, die Change-Projekte ohne Sinnstifter auf den Weg bringen und dort halten wollen, tun gut daran, sich das noch einmal genau zu überlegen.**

Dem Sinnstifter ist bewusst, dass Menschen gemeinsame Ziele nur verinnerlichen, indem sie sich intensiv damit auseinandersetzen und die Zusammenhänge und ihre Ziele in eigenen Worten ausdrücken und an andere weitergeben. Aus diesem Grund setzt er sich dafür ein, dass die gemeinsame Kommunikation und das Leitbild verbindlicher Orientierungsrahmen für alle Veränderungsziele und operativen Zielsetzungen sich an den folgenden Fragen orientieren:

- Machen sich alle Entscheidungsgremien immer wieder das gemeinsame Ziel bewusst, bevor sie im operativen Arbeitsalltag oder in Projekten ein Vorgehen festlegen?
- Was sollen interne und externe Kunden konkret erleben, wie soll sich ihr Zustand gegenüber der aktuellen Situation verbessern?
- Was sollen sie sehen, spüren, denken?

Natürlich ist der hier beschriebene Change-Typus des Sinnstifters in der Realität so kaum anzutreffen, zu perfekt, zu ideal kommt er in unserer Porträt- und Fähigkeitenskizze daher. Und doch gilt: Unternehmen, die Change-Projekte ohne Sinnstifter – ob Manager oder

Mitarbeiter – auf den Weg bringen und dort halten wollen, tun gut daran, sich das noch einmal genau zu überlegen. Sie sollten gerade in der Anfangsphase von Change-Projekten in keinem Fall auf Akteure verzichten, die die skizzierten Stärken und Fähigkeiten mindestens im Ansatz, am besten aber so weit wie möglich mitbringen.

Das allerdings heißt keinesfalls, dass Sinnstifter immer und überall in gleichem Ausmaß für den Erfolg von Change-Initiativen benötigt werden. Gewiss, Sinnstifter braucht es gerade in komplexen Projekten, in denen leicht der Überblick über Sinn, Ziele und Wege verloren zu gehen droht, immer auch. Doch in manch anderer Phase von Veränderungsprogrammen werden andere Change-Typen wichtiger.

Das leitet zu einem wichtigen Aspekt über. Denn im Rahmen unserer Forschung und gestützt durch unsere Erfahrung bei der Begleitung von Change-Projekten haben wir festgestellt, dass es Parallelen zwischen den Entwicklungszyklen von Unternehmen und den Phasen von Change-Initiativen gibt. Die Entwicklungsphasen eines Unternehmens tragen dabei ebenso wie diejenigen eines Change-Projekts ihre eigenen Herausforderungen in sich, und es braucht insofern andere Kompetenzen der Beteiligten, damit zielgerichteter und nachhaltiger Wandel Realität werden kann.

Je nach Phase eines Veränderungsprojekts ist mal mehr der Change-Typ des Sinnstifters besonders wertvoll, mal mehr der Change-Typ des Machers, des Ideenmoderators, des Strukturierers oder mal mehr eine Kombination aus mehreren Typen.

Daher haben wir auch erkundet, welcher Change-Typ in welcher Phase eines Veränderungsprojekts am besten seine Stärken einbringen kann.

Der hier im ersten Aktionsfeld zielgerichteten Wandels besonders wichtige Sinnstifter ist – auf der Phasenebene von Change-Projekten betrachtet – je nach Projektphase durchaus unterschiedlich wichtig. Denn es gilt: Je nachdem, in welcher Phase sich ein Veränderungsprozess befindet, sind andere Fortschrittsziele sowie andere Führungsstile und Arbeitsweisen der Change-Akteure nötig, um zum Erfolg zu kommen. Das heißt konkret: Je nach Phase ist mal mehr der Change-Typ des Sinnstifters besonders wertvoll, mal mehr der Change-Typ des Machers, des Ideenmoderators, des Strukturierers oder mal mehr die Kombination aus mehreren Typen.

Zu den Change-Phasen im Einzelnen und die mit ihnen verbundene Bedeutung von Change-Typen:

- **Die Start-up-Phase:** Zu Beginn eines Change-Projekts geht es darum, ein starkes und erstrebenswertes Leitbild zu entwickeln, eine Vision. Es gilt sie auszugestalten und möglichst viele und einflussreiche Anhänger und Unterstützer für sie zu gewinnen. Am Anfang steht dabei die – oft noch unausgegorene – Idee, einen bestimmten Nutzen zu schaffen. Die Protagonisten dieser Idee suchen dann in der Folge Mitstreiter, die in dieser Idee einen Wert für sich und das gemeinsame Unternehmen erkennen. Sie brauchen dafür einen starken inneren Antrieb ebenso wie eine hohe Identifikation mit der Idee und den darin gespiegelten Prinzipien. Daher ist in dieser Phase vor allem der Change-Typ des Sinnstifters gefragt, weil er eine ansteckende Begeisterung für neue Ideen an den Tag legt. Unternehmen, die nicht verstehen, dass gute Ideen und visionäre Vorstellungen am Anfang eines Change-Projekts häufig verrückt oder unrealistisch erscheinen und die Sinnstifter und Querdenker nicht aktiv fördern, legen hier schon häufig die Basis für ein schleichendes Scheitern von Veränderungsinitiativen.

- **Die Etablierungsphase:** Viele Change-Initiativen kommen über die Start-up-Phase nicht hinaus. Der Grund dafür ist häufig ein Sinnstifter, der zwar starke Ideen entwickelt und andere dafür begeistert, aber die PS für die Umsetzung im weiteren Verlauf des Projekts oft nicht auf die Straße bekommt. Es geht daher darum, eine Veränderungsinitiative so schnell wie möglich von der Start-up- in die Etablierungsphase zu bewegen. Hier wird eine Change-Idee bis zur »Marktreife« verwirklicht, das heißt, es entwickelt sich hier im Idealfall so etwas wie ein spürbarer Mehrwert für Endkunden oder interne Nutzer (interne Kunden). Die visionär-mitreißenden Sinnstifter sind meist keine Organisationstalente, oft fehlt ihnen auch der nötige Realismus, um die vorhandenen Ressourcen effektiv zu koordinieren und tägliche Aufgaben und Herausforderungen zu bewältigen, wie sie in der Etablierungsphase nötig sind. Für die jetzt notwendige Transformation in diese Phase und ihre Bewältigung wird nun vor allem der Change-Typ des anpackenden Machers gebraucht, auf den wir im nächsten Kapitel noch ausführlicher zu sprechen kommen.

- **Die Blütephase:** Der Etablierungsphase folgt in Change-Projekten im Idealfall die Blütephase. Steht eine Veränderungsinitiative in der Blütephase, so hat sie sich bereits bewährt, sie hat also bewiesen, dass sie konkreten und messbaren Nutzen schafft. In der Blütephase dreht sich nun alles um das Thema Optimierung und Skalierung des Change-Projekts. Es liegt auf der Hand, dass auch hier wieder weniger der Sinnstifter von motivierendem Nutzen ist. In der Blütephase wird ein großes Veränderungsprojekt womöglich auch in den operativen Betrieb überführt und in bestehende Strukturen integriert. In einem solchen Fall gilt es dann, Rollen und Spielregeln zu etablieren, innere Zuständigkeiten festzulegen und die Schnittstellen zu anderen externen und internen Bereichen zu regeln – keine sinnvolle Aufgabe für den Sinnstifter, sondern eher etwas für den Change-Typ des ordnenden Strukturierers, der vor allem im vierten Aktionsfeld zielgerichteten Wandels zu thematisieren sein wird.

■ **Die Reifephase:** Change-Projekte sind in ihrem Gelingen abhängig vom allgemeinen Zustand und der Kultur eines Unternehmens. Hat sich etwa ein Unternehmen zu lange auf vorangegangenen Erfolgen ausgeruht, dann wird nicht selten der Blick für bald schon notwendigen Wandel getrübt. Manager und Mitarbeiter fühlen sich in einer solchen Konstellation wohl in der Komfortzone, die täglichen Routinen geben ihnen Sicherheit. Ihre Haltung ist: Wozu ändern? Es läuft doch alles wie am Schnürchen. Es gibt zwar interne Abläufe, die tagtäglich etwas nerven, aber sie sind nun einmal eingeführt, und jeder hat sich daran gewöhnt. Das Hineingleiten in diese Unternehmensphase geschieht meist unmerklich. Doch die Konkurrenz schläft nicht. Womöglich stehen bereits neue Wettbewerber in den Startlöchern, die man übersieht, weil man die etablierte Konkurrenz beäugt, nicht aber disruptive Entwicklungen und neue Marktspieler. Wer zu lange stehen bleibt, büßt Tag für Tag ein Quäntchen seines hart erarbeiteten Vorsprungs ein. Kommt es in dieser Phase eines Unternehmens zu Change-Projekten, ist hier wieder weniger der Sinnstifter als vor allem der Change-Typ des Ideenmoderators gefragt, der den Verantwortlichen und der Belegschaft die Augen für die Notwendigkeit des strategischen Wandels öffnet und neue Ideen und Innovationen anstößt. Die Haltung und Botschaft des Change-Typs Ideenmoderator lautet: »Wir müssen uns jetzt zeitnah um strategische Innovationen kümmern, müssen Silos überwinden, das gemeinsame Erfahrungs- und Ideenpotenzial nützen und zügig zukunftsfähige Geschäftsansätze und Lösungen entwickeln und ausprobieren!«

- **Die Degenerationsphase:** Change-Projekte können selbst dann, wenn sie zunächst zu gelingen scheinen, nach einiger Zeit ihren Schwung verlieren und in diesem Sinne degenerieren. In der Degenerationsphase sind Change-Projekte geprägt von Silodenken, Kompetenzgerangel und starren Strukturen. Es herrscht eine Verwaltungs- und Abwicklungsmentalität; Kosteneinsparungen und Fehlervermeidung prägen das Denken des Projektmanagements. Jetzt hilft nur noch eine radikale Veränderung. Getrieben wird sie wieder weniger vom visionären Sinnstifter, sondern am besten von einer Koalition aus Machern und Ideenmoderatoren, denn es gibt nun dringenden und sehr konkreten Handlungsbedarf. Gemeinsam können es diese beiden Change-Typen schaffen, die Change-Akteure an fast vergessene Stärken zu erinnern, ihren Kampfgeist zu wecken und zu mobilisieren.

Manchmal ist nicht leicht erkennbar, in welcher Phase sich eine Change-Initiative befindet. Alle Akteure müssen daher feine Antennen ausbilden, sozusagen ein Gespür für Change, und sich den Veränderungsgegebenheiten flexibel anpassen. Sonst beginnen sie womöglich zu spät mit dem notwendigen Wandel, oder sie organisieren ihn falsch. Gerade deswegen ist auch eine klare Zielorientierung von Change-Projekten erfolgskritisch, wie das folgende Kapitel zeigt.

DAS ZWEITE AKTIONSFELD ZIELGERICHTETEN WANDELS –

ZIELE VERMITTELN, ERGEBNISSE REALISIEREN

Das zweite Aktionsfeld zielgerichteten Wandels

● ZIELE VERMITTELN, ERGEBNISSE REALISIEREN

Damit eine Change-Initiative erfolgreich umgesetzt wird, ist es nicht nur nötig, dass den Change-Akteuren Sinn und Bedeutung der Initiative klar geworden sind. Sie brauchen auch unmissverständliche Entscheidungen dazu, welche konkreten Ergebnisse das Unternehmen mit einem Change-Projekt bewirken möchte und was in seinem weiteren Verlauf als Erfolg zu gelten hat.

●● WIE ES NICHT GEHT

Dass es allerdings nach der Bekanntgabe einer Veränderungsstrategie oder dem Aufsetzen eines Change-Projekts zu den erforderlichen Entscheidungen kommt, die für dessen wirkungsvolle Umsetzung im Sinne eines zielgerichteten Wandels nötig sind, ist in der Wirklichkeit des Change-Alltags keinesfalls ausgemacht. Im Gegenteil scheitern nicht wenige Projekte an mehrdeutigen oder fehlenden Entscheidungen sowie diffusen Zielsetzungen. Diese Tendenz lässt sich vor allem an fünf Punkten festmachen.

●●● Unentschlossenheit statt klarer Linie

Auffallend viele Gesprächspartner berichteten in unseren Interviews, dass die Dauerpräsenz des Themas Change in ihren Unternehmen zu einem inflationären System geführt hat, welches alle Indikationen eines Fachgebiets im Endstadium seiner Professionalisierung aufweist. Das heißt, es gibt unternehmensspezifische Dynamiken und Gesetzmäßigkeiten beim Auf- und Umsetzen von Change-Projekten, es existiert eine eigene, kaum hinterfragte Change-Terminologie und anderes mehr. So wird etwa in Meetings mehr Wortklauberei betrieben, statt zu ergründen, welche konkreten Zwischenziele und Entscheidungen wirklich notwendig sind, um bei den Betroffenen das gewünschte Verhalten zu bewirken.

Ein solches System hat auch Auswirkungen auf die Kommunikation rund um Change-Projekte. Meist steht hier vor allem die Veränderungsfähigkeit im Hinblick auf Markt und Wettbewerb im Mittelpunkt und häufig gerät dabei der konkrete Nutzen für die handelnden Akteure aus dem Blickfeld. Oder anders ausgedrückt: Notwendigkeit und Dringlichkeit eines Change-Projekts werden kommunikativ lediglich – oder vor allem – mit marktbezogenen Wachstums- und internen Finanzzahlen begründet, kaum aber damit, was für Kunden, Mitarbeiter und andere Stakeholder außer den Kapitalgebern erstrebenswerte Zustände sind, welche sie mit der Veränderung verbinden und die motivieren könnten, die Verwirklichung des Leitbilds des Change-Vorhabens durch aktives Denken und Handeln zu unterstützen.

Wenn zwar ein Leitbild existiert, aber die Zwischenziele mit Blick auf die Verwirklichung des Change-Projekts nicht klar und nachvollziehbar kommuniziert werden, und wenn das Reden über den notwendigen Wandel die Change-Kultur und ihre Terminologie stärker prägt als das praktische Analysieren, Entscheiden, Ausprobieren und

Lernen, dann fehlen irgendwann die notwendigen motivierenden Erfolgserlebnisse, das Gefühl der Selbstwirksamkeit bei den handelnden Akteuren und die Einsicht, dass die geforderten Veränderungen tatsächlich nötig sind. In der Folge führen auch alle anderen Maßnahmen nicht zum gewünschten Erfolg.

Das aber bedeutet: Change-Initiativen sollten nicht auf- und fortgesetzt werden, wenn nicht laufend dafür Sorge getragen wird, dass die Change-Beteiligten den Sinn des Veränderungsvorhabens verstehen. Das Verstehen und Erleben von Sinn sollte dabei – in Abgrenzung zu einer eher passiven Interpretation und Umsetzung von Vorgaben – als aktiver Prozess verstanden werden. Sinn erschließt sich dem Menschen demnach erst im Handeln, in den Erfahrungen, die er im Hinblick auf ein Anliegen mit den eigenen fünf Sinnen sammelt und verarbeitet. Werden Veränderungsprojekte und der eigene Beitrag zu ihnen hingegen nicht als sinnvoll erlebt, dann gibt es kaum echte Projektfortschritte. Stattdessen wuchern Spekulationen, das Change-Projekt wird insgesamt infrage gestellt, und die Skepsis hinsichtlich des eingeschlagenen Wegs und dessen Folgen wächst.

> **Change-Initiativen sollten nicht auf- und fortgesetzt werden, wenn nicht laufend dafür Sorge getragen wird, dass die Change-Beteiligten den Sinn des Veränderungsvorhabens verstehen.**

Gerade beim mittleren Management führt eine – nicht als sinnvoll erlebte – unklare Zielsetzung oder – damit verbunden – ein operativer Entscheidungsstau schnell zu einer bewussten oder unbewussten Verweigerungshaltung und zu Unentschlossenheit. Das ist auch verständlich, denn durch ihre Stellung in der Hierarchie sind mittlere Manager besonders gefordert. Einerseits haben sie operative Linienaufgaben, anderseits erwartet man von ihnen häufig wie selbstverständlich Engagement und die Unterstützung von Projektaufgaben. Nicht selten sehen sie sich mit uneindeutigen oder nicht nachvollziehbaren Entscheidungen des Topmanagements konfrontiert, das oft in der Linie hohen Druck ausübt, wenn es um das Erreichen kurzfristiger Planvorgaben geht, und ihnen so den zeitlichen und mentalen Freiraum nimmt, strategische Themen operativ voranzutreiben. Die Folge sind ein sehr hohes Arbeitspensum, andere psychisch belastende Mehrfachanforderungen, mehr oder minder permanenter negativer Stress – und am Ende eine sinkende Arbeitsqualität.

Zerrissen zwischen operativen Linien- und Projektaufgaben wächst auf diese Weise bei den mittleren Managern, die für den Erfolg von Change-Projekten immens wichtig sind, die Angst. Sie fragen sich: »Was, wenn ich die operativen Jahresziele verfehle? Andererseits: Wenn ich mich zu sehr um meine Linienaufgabe kümmere und mich nicht in der Change-Initiative profiliere, macht es ein anderer – und derjenige macht mir womöglich am Ende meinen Job streitig!« So fürchten sie sich vor Einfluss- und Kompetenzverlust, weil ihnen in einer insgesamt stark verunsichernden Konstellation die Konsequenzen der angestrebten Veränderungen für ihre eigene berufliche Zukunft nicht klar sind.

Doch wachsende Verunsicherung, Angst und Unentschlossenheit im ganz normalen Change-Wahnsinn sind nicht nur für mittlere Manager, sondern auch für die Mitarbeiter kennzeichnend. Auch das ist verständlich. Denn in der Realität vieler Change-Initiativen erleben sie sich mehr als fremdbestimmte Ausführungsgehilfen denn als aktiv eingebundene Akteure. Wie die mittleren Manager sehen sich auch die Mitarbeiter mit unklaren Zuständigkeiten und Rollen sowie widersprüchlichen Nachrichten konfrontiert und erleben in ähnlicher Weise Überforderung und in der Folge negativen Stress.

Es verwundert unseres Erachtens nicht, dass der Change-Prozess ins Stocken geraten oder gar zum Stillstand kommen kann, wenn diejenigen, die konstruktive Ergebnisse realisieren oder sich und ihr Verhalten verändern sollen, am Ende ratlos sind oder sich gegen die eigentlich gewünschte Veränderung wehren.

Fehlende Sicherheit bezüglich der eigenen Perspektive führt dazu, dass die Beteiligten Change-Projekten mit Angst begegnen und sie bewusst oder unbewusst blockieren, zumindest aber nicht aktiv unterstützen.

Führungskräfte und Mitarbeiter fühlen sich dabei vor allem dann verunsichert, wenn sie die geplanten Change-Prozesse neben ihren operativen Aufgaben bewältigen sollen, denn in diesem Fall stecken sie täglich in der Zwickmühle zwischen kurzfristigen Linienaufgaben und längerfristiger Veränderung. Bei Führungskräften ist taktisches Geplänkel ein sicheres Zeichen für potenzielle oder faktische Überforderung: Dann greifen die Manager auf gelernte Instrumente zurück und lassen von ihren Mitarbeitern zahllose Szenarien berechnen, fordern immer mehr Details, wechseln nach jedem Meeting ihre Meinung und sorgen so vor allem für Hektik und Chaos. Dabei liegt es auf der Hand, dass selbst das umfangreichste Excel-Planungsmodell, welches das Wachstum in einem Teilmarkt bis 2050 in vier verschiedenen Szenarien bis auf die dritte Nachkommastelle exakt berechnet, Führungskräften eines nicht abnehmen kann: die Notwendigkeit, Entscheidungen unter Unsicherheit zu treffen. Diese Unsicherheit gibt es gerade bei Projekten und Initiativen, die mit Veränderungen jeder Art verbunden sind, sei es des Geschäftsmodells, interner Prozesse oder des Verhaltens am Kunden. Und sie ist dann besonders groß, wenn die Betroffenen Angst davor haben, Fehler zu machen, die irreversibel sind.

»Wer nichts macht, kann auch nichts falsch machen.«

Wer unter Unsicherheit eine Entscheidung trifft, setzt sich immer der Gefahr aus, dass das daraus resultierende Handeln nicht zum erwarteten Ergebnis führt. In vielen Unternehmen wird das in der Regel als Fehler betrachtet. Ein Divisionsleiter schilderte uns dazu seine Sicht der Dinge höchst illustrativ: »Die Angst vor Fehlentscheidungen, der Wunsch nach noch mehr Information und Zahlen-, Daten- und Faktensicherheit ist bei uns im Management sehr stark ausgeprägt. [...] Wie die Knochenleser afrikanischer Stämme suchen wir in Zahlen und Entscheidungsvorlagen von epischer Breite nach absoluter Sicherheit – auch bezüglich unserer eigenen Zukunft. Die aber wird es meines Erachtens nie geben.« Ist es wirklich ein Fehler, den mutigen Entschluss zu fassen, etwas auszuprobieren und Erfahrungen zu sammeln? Oder sind nicht möglicherweise gerade dann, wenn unerwartete Reaktionen auftreten, die Erkenntnisse für den weiteren Veränderungsprozess besonders wertvoll?

Es mag eine Eigenart in deutschsprachigen Ländern sein, dass die Change-Beteiligten gerne auf Nummer sicher gehen und die Konsequenzen einer falsch getroffenen Entscheidung am liebsten ganz vermeiden möchten. Die entgangenen Chancen lassen sich schwer messen, denn es ist nahezu unmöglich nachzuweisen, dass durch die Untätigkeit, das »Nicht-Handeln«, ein strategischer Schaden entstanden ist. Doch gerade die Unfähigkeit, sich während eines Veränderungsprozesses eindeutig und mutig für das eine und gegen das andere zu entscheiden und basierend auf der gesammelten Erfahrung seine ursprüngliche Haltung während des Weges dann immer wieder infrage zu stellen, ist das gravierendste Problem, das viele Unternehmen beim Umgang mit Change haben. Denn das Ergebnis verzögerter Entscheidungen auf der Managementebene sind verunsicherte Mitarbeiter. Eine Belegschaft, die nicht weiß, wohin die Reise gehen soll, kann unmöglich zielgerichtet arbeiten und wirkungsvolle Ergebnisse erzielen. Das gilt in besonderem Maß für Change-Projekte, die häufig neben dem normalen betrieblichen Alltag vorangetrieben werden sollen und insofern bei vielen Beteiligten fast immer eine Mehrbelastung darstellen.

●●● Blinder Aktionismus statt sinnvoller Orientierung

Führungskräfte haben nicht selten den Eindruck, dass ihre Arbeit nur gewürdigt wird, wenn sie entsprechend hohe Wellen schlägt. Das Gegenstück zur Entscheidungsschwäche und der in vielen Unternehmen bei Change-Projekten anzutreffenden wachsenden Unsicherheit ist daher der eskalierende blinde Aktionismus gestresster Führungskräfte, die sich angesichts von Uneindeutigkeit und wachsendem Druck nicht besser zu helfen wissen, als ihrerseits Druck auf die übrigen Akteure auszuüben.

Statt ihren eigenen Handlungsfreiraum auszuloten und durch entschlossene Entscheidungen klare, sinnvolle Ziele zu kommunizieren (oder kommunizieren zu können), lassen sie sich von Controlling-Sheets und Planvorgaben leiten. Das Topmanagement hangelt sich – gerade bei börsennotierten Unternehmen – häufig von Quartal zu Quartal. Jede Abweichung vom einmal festgelegten Plan nach unten wird als negative Nachricht bewertet. Dass möglicherweise der Plan an sich unter unrealistischen Prämissen aufgestellt wurde oder inzwischen neue Ereignisse eingetreten sind, die im Grunde eine Revision des ursprünglichen Plans erfordern, wird hingegen gerne ignoriert. Das gilt für die Finanzplanung ebenso wie für eine zentralistische Projektplanung. Hinter vielen Planabweichungen verbergen sich wichtige Lernerfahrungen und möglicherweise ganz neue Chancen – doch dies

wird von Managern, die auf Eskalation getrimmt sind, gerne übersehen. Das Beharren auf einmal gefassten Plänen und festgelegten Vorgaben ist mindestens genauso gefährlich wie aktionistisches Handeln.

> **Jedes Vorgehen, das systematisches Lernen in kurzen
> Zyklen auf dem Weg des zielgerichteten Wandels verhin-
> dert, ist ein klarer Indikator für wirkungslose Change-
> Initiativen.**

Ein Drama in den meisten Unternehmen ist der jährliche Planungsprozess. Eingezwängt in Planformate und Templates verbietet sich eine
kreative Planung, und implizit wird davon ausgegangen, man könne
schon im Herbst des Vorjahres alle Entwicklungen, Chancen und Risiken der kommenden 15 Monate so gut wie sicher antizipieren. Manager und Mitarbeiter erhalten für ihre Abteilungen oder Bereiche
Jahresziele, von denen nicht selten ihr Bonus oder ihre Bewertung abhängt. Doch schon kurz nach dem Jahreswechsel passiert, was unwei-
gerlich passieren muss: Die Realität schlägt zu – natürlich anders als
erwartet. So wechseln im Laufe eines Wirtschaftsjahres im Unternehmen die Prioritäten, Projektziele werden geändert oder gar gänzlich
neu definiert, innerhalb der einzelnen Abteilungen versucht man mit
unabgestimmten Maßnahmen und mit Druck die Realität der Planung anzupassen, weil das Umgekehrte häufig nicht im Prozess vorgesehen ist. Wenn die Absatzzahlen im ersten Quartal nicht stimmen,
wird kurzfristig eine Vertriebsschulung angeordnet oder ein neues Produkt mit aller Gewalt in die Vertriebsorganisation geschoben, statt
den zugrunde liegenden Plan zu überdenken. Im zweiten Quartal wird
dann das Fortbildungsbudget für den Rest des Jahres gestrichen, denn
jetzt müssen »härtere« Maßnahmen gezogen werden, um unter dem
Strich die Gewinnerwartungen zu erfüllen. Silodenken, Aktionismus,

Verunsicherung: Systematisches Reflektieren und Lernen sind hier nicht vorgesehen, und so wird der jährliche Geschäfts- und Budgetplanungsprozess – falsch aufgesetzt – zur Change-Falle. Ein Bankvorstand berichtete uns: »Ich habe mich immer wieder hingestellt und versucht, die Leute emotional abzuholen, habe ihnen die unrealistischen Ambitionen des Plans als notwendige Veränderung verkauft – und im nächsten Jahr bin ich wieder mit derselben Geschichte dahergekommen, und ein Jahr später wieder. Irgendwann haben die Mitarbeiter mich nicht mehr ernst genommen.«

Gerade in zentralistischen Organisationen, in denen das Topmanagement einerseits kaum erreichbar ist, andererseits nur ungern Entscheidungskompetenzen abgibt, neigt unserer Beobachtung zufolge das mittlere Management besonders zu Aktionismus der beschriebenen Art – aus Verunsicherung und Hilflosigkeit, aber auch um Aufmerksamkeit für die vermeintliche Tatkraft zu erzielen.

»Aktionismus ist ein unbewusstes Mittel vieler Manager, sich vor verbindlichen Entscheidungen zu drücken und dennoch auf sich aufmerksam zu machen. Je mehr Zeit die Mitarbeiter in Meetings verbringen, desto geringer ist der tatsächliche Fortschritt.«

Was auch immer die Gründe für Manageraktionismus im einzelnen Unternehmen sind, der Effekt ist überall derselbe: Er führt dazu, dass das Leitbild mit seinen Zielsetzungen aus den Augen verloren wird und die einzelnen Schritte, mit denen die Akteure sich im Alltag beschäftigen, keinen gemeinsamen Weg beschreiten, der zwingend erforderlich wäre, damit aus dem zielgerichteten Wandel auch fruchtbarer Fortschritt für das Unternehmen werden kann.

Als wäre die Aufmerksamkeit der Mitarbeiter nicht durch ihre vielen operativen Aufgaben ohnehin schon stark limitiert, herrscht in vielen Unternehmen zudem eine regelrechte Meeting-Manie, ein ständiges Blockieren der Terminkalender mit gegenseitigen Abstimmungsterminen. Solche Meetings sind ein deutlicher Indikator für Entscheidungsschwäche und fehlende Systematik im Veränderungsprozess. Wie sollen die Change-Akteure auf neue Gedanken kommen oder sich auf neue Verhaltensweisen einstellen, wenn sie dafür keine Zeit haben, weil sie ständig in Terminen geblockt sind? Je nach Verlauf dieser Meetings wird die Aufmerksamkeit der Mitarbeiter willkürlich auf ein anderes Problem oder Vorhaben gelenkt. So gesehen führt aktionistisches Management zu aktionistischem Verhalten auf der Ebene der Mitarbeiter. Im Extrem sitzen die Beteiligten den ganzen Tag in Jours fixes und in Eskalationsmeetings, haken To-do-Listen ab und füllen Formulare und Mustervorlagen aus, statt sich an nutzbaren Ergebnissen und angestrebten Qualitäten zu orientieren und den zielgerichteten Wandel voranzutreiben.

Aktionistisches Management und Handeln sorgen für Verwirrung und erhöhen letztendlich den Abstimmungsbedarf, weil lokal unterschiedlich agiert wird und es hierdurch Friktionen an den jeweiligen Schnittstellen gibt. Das passiert im Übrigen nicht nur in Großkonzernen, sondern selbst bei jungen Start-ups. Die Gründerin einer Berliner Firma, die zwischenzeitlich kurz vor der Insolvenz stand, erzählte: »Wir haben uns von den Entwicklungen treiben lassen, haben jedem Impuls nachgegeben. Das ist extrem gefährlich. Wir sind nicht auf Zielkurs geblieben, waren viel zu aktionistisch.«

●●● Verborgene Zielkonflikte statt offener Karten

Ein weiterer wesentlicher Faktor für das Scheitern von Change-Projekten sind künstlich erzeugte und nicht offen thematisierte Zielkonflikte zwischen persönlichen Interessen im Hinblick auf das eigene berufliche Fortkommen und übergreifenden Unternehmenszielen. Bei näherer Betrachtung ist das auch nicht verwunderlich. Es ist mehr als nur menschlich, dass geplante Veränderungen von den Akteuren vor allen Dingen dahin gehend überprüft werden, inwieweit sie für die eigene Perspektive und den eigenen Sprung auf der Karriereleiter vorteilhaft sind. Wenn der Rang in einem Unternehmen vom Platz im Organigramm, der Anzahl der Mitarbeiter und der Höhe des verantworteten Budgets abhängt, führen diese Zielkonflikte zwangsläufig zu Machtkämpfen, im Management ebenso wie in der Belegschaft.

Von großer Bedeutung im praktisch gelebten Change-Prozess ist also dieser Zwiespalt zwischen Unternehmenszielen einerseits und persönlichen Karrierezielen andererseits, und er kann einschneidende Folgen haben. Mehrere unserer Interviewpartner schilderten, wie sie Change-Projekte aus Sorge um das eigene Ansehen und als Karrierebeschleuniger initiierten. In diesen Fällen sind die Beweggründe für die Veränderung demnach vorgeschoben. Es geht weniger um markt- und unternehmensbedingte Notwendigkeiten als vielmehr um persönliche Interessen.

Gleichzeitig gehört es in vielen Unternehmen zum Bild vom guten Manager, dass er stets mit wichtigen Themen beschäftigt ist und so das Unternehmen voranbringt. Der Vorstandsvorsitzende eines Dienstleistungskonzerns brachte es im Interview auf den Punkt: »Gefährlich ist, wenn Change zum Selbstzweck wird. Es gibt gerade Führungskräfte, die haben den Glaubenssatz ›Change before you get changed‹. Sie nutzen Aktionismus und groß aufgesetzte Projekte, um sich gegenüber ihren Vorgesetzten zu profilieren und als Musterschüler dazustehen. Diese Haltung ist gefährlich. Sie bringt extreme Unruhe in den täglichen Betrieb, und manchmal werden Menschen geopfert, nur damit einer seine Karriere vorantreibt.«

Gerade in Großkonzernen zählt oft die eigene Karriereperspektive mehr als das langfristige Interesse des Unternehmens, vor allem wenn die gemeinsame Vision und übergreifende langfristige Ziele nicht klar definiert und für den Einzelnen wenig greifbar sind. Dass dies auf Dauer nicht jede Führungskraft aushält, unterstreicht beispielhaft ein Topmanager, der uns Folgendes erzählte: »Ich habe immer versucht, mich dem System anzupassen und mich darin optimal zu entwickeln. Dazu war auch ein gewisser Opportunismus nötig. Ich hatte so viele Chefs – ich wäre verrückt geworden, wenn ich da immer knallhart meine Linie durchgezogen hätte. Irgendwann war ich dann in einer Position, wo ich mich nicht mehr entwickeln konnte. Da habe ich den Stecker gezogen.«

»In einem Großkonzern sucht sich jeder seinen Überlebensraum. Da geht es um Jobsicherung, Status, die Sicherung des Gehalts.«

Oft führt bereits das Gerücht einer neuen Ausrichtung oder einer geplanten Umstrukturierung zu großer Unruhe. Gerade weil in einer solch unklaren Situation Raum für wilde Spekulationen entsteht, fühlen sich viele unterschiedliche Akteure im Unternehmen in ihren Interessen bedroht. Nun werden *Hidden Agendas* wirksam, also nicht offen geäußerte persönliche Hintergedanken und nicht offen kommunizierte individuelle Ziele der Beteiligten. Change-Projekte werden instrumentalisiert, Informationen werden gezielt selektiert und so präsentiert, dass man sich davon den größten persönlichen Gewinn verspricht – im Zweifel zulasten des zielgerichteten Wandels und des Unternehmens.

Wenn sich egoistische Motive Bahn brechen

Der Vorstand eines Großunternehmens setzt eine neue strategische Initiative auf. Kaum ist das erste Bürogeflüster dazu in Umlauf, geben sich die Führungskräfte bei den Verantwortlichen die Klinke in die Hand. Jeder will dabei sein, denn jeder hat Angst, etwas zu verpassen oder sich nicht rechtzeitig zu positionieren. Egal wie stressgeplagt die Führungskräfte bislang erschienen – nun sind sie voller Tatendrang und haben viel Zeit, um sich mit dem neuen Thema zu beschäftigen. Schnell entwickelt das Vorhaben eine unaufhaltsame, schier unkontrollierbare Eigendynamik. Überall in der Zentrale bilden sich Arbeitsgruppen und bereichsinterne »Task-Forces«, und der Vorstand wird – oftmals ungefragt – mit unzähligen Vorschlägen bombardiert. Bei genauerem Hinsehen aber zeigt sich dies: Hinter den meisten Eingaben der Manager stecken eigennützige Motive, die das jeweilige Ressort und die verantwortliche Führungskraft in ein vorteilhaftes Licht rücken sollen. Jeder möchte das Projekt in seinem Verantwortungsbereich, damit nicht ein interner Konkurrent größeren Einfluss bekommt.

Allerdings ist zu präzisieren, dass dieses Phänomen der drohenden Dominanz individueller gegenüber Firmeninteressen weniger in inhabergeführten Organisationen als in Firmen mit angestellten Managern auftritt. Unternehmerfamilien achten sehr auf die nachhaltige Wettbewerbskraft: Sie wollen, dass auch künftige Generationen noch vom gemeinsam aufgebauten Unternehmen profitieren. Das Wohlergehen und die Kontinuität des großen Ganzen werden hier, wie unsere Forschung zeigt, im Allgemeinen höher priorisiert als persönliche Interessen. Einige unserer Gesprächspartner aus börsennotierten Unternehmen unterschiedlicher Branchen hingegen beschrieben, wie angestellte Manager Change-Projekte vornehmlich als persönliche Profilierungsinstrumente nutzen. Veränderungsinitiativen sollen dabei übergeordneten Gremien oder Vorgesetzten imponieren, auf diese Weise Druck auf die nächste Gehaltsrunde ausüben und den eigenen Einflussbereich erweitern. Im Rahmen von Change-Projekten wird so, statt sich am Kundennutzen oder an langfristigen Zielen zu orientieren, quasi verdeckt an internen Umstrukturierungen gearbeitet, die darauf abzielen, den eigenen Machtbereich und die persönlichen Karrierechancen zu vergrößern. Es liegt auf der Hand, dass für das Unternehmen wirklich fruchtbarer Wandel so kaum angestoßen werden kann.

Dabei gehört es zum Wesen von *Hidden Agendas*, dass sie eben verborgen sind. Man kann sie nicht direkt adressieren und deshalb auch nicht recht mit ihnen umgehen. Keine Führungskraft wird ihren Kollegen oder gar Vorgesetzten ehrlich sagen: »Ich will in meinem nächsten Vertrag 30 Prozent mehr Gehalt durchsetzen, und dafür muss ich mich noch in diesem oder jenem Change-Projekt zeigen« oder: »Diese Initiative ist für meine Vita gut, wenn ich mich eines Tages für die CEO-Position beim Marktführer XY ins Gespräch bringe.« Vielmehr werden fachliche Notwendigkeiten vorgeschoben, und es wird zu subjektiv ausgewählten Statistiken gegriffen, zu Zahlen, Daten und Fakten, die Kompetenz und Neutralität suggerieren. Beeindruckende Sprünge in der Profitabilität lassen sich mit mittelmäßigen Excel-Kenntnissen schnell errechnen und strahlen immer noch eine faszinierende Überzeugungskraft in Managementrunden aus. Oft werden Change-Projekte also bereits von Beginn an so eingefädelt und aufgesetzt, dass am Ende vor allem das persönliche Vorankommen steht und weniger das Vorankommen einer übergreifenden Idee.

Wenn das persönliche Vorankommen im Mittelpunkt steht

Der Vertriebschef eines mittelständischen Dienstleistungsunternehmens schlägt nach einer hitzigen Diskussion in der Geschäftsführung über die Notwendigkeit der Digitalisierung des Geschäftsmodells von sich aus ein Projekt vor, um eine »Omnikanal-Strategie« zu entwickeln. Er kündigt an, man werde alle Möglichkeiten einer sinnvollen Digitalisierung der Kundenakquise und des Kundenmanagements prüfen und in einen ganzheitlichen Vorschlag integrieren. Tatsächlich bekommt er den Auftrag. Allerdings bindet er in »sein« Projekt nur Mitarbeiter der Vertriebsorganisation ein. Er »vergisst« – bewusst oder unbewusst – Personen, die sich mit digitalen Entwicklungen wirklich gut auskennen, wie etwa Kollegen aus der eigenen IT-Abteilung, externe Experten oder potenzielle Kunden.

Daher dauert es auch ein halbes Jahr, bis die Ergebnisse der Omnikanal-Strategie präsentiert werden können. Doch statt ein fortschrittliches Konzept der übergreifenden Zusammenarbeit, integrierter Online-offline-Prozesse, des agilen Lernens und der zunehmenden Einbindung von Kunden in die Entwicklung neuer Lösungen vorzustellen, schlägt der Vertriebschef eine Reorganisation vor – zu seinen Gunsten natürlich: Er plädiert voller Inbrunst für den Aufbau einer Multikanal-Vertriebseinheit und die Integration des Onlinemarketings in seinen Bereich, »um näher am Kunden zu sein«. Das bedeutet für ihn persönlich mehr Personalverantwortung, mehr Budget, mehr Macht. Ob hierdurch allerdings die Kompetenzen und die Zukunftsfähigkeit des Unternehmens gestärkt werden, steht zu bezweifeln.

Insbesondere wenn ein neuer CEO oder Abteilungsleiter in das Unternehmen kommt, sind Change-Programme ein beliebtes Mittel, um der Firma oder dem Verantwortungsbereich seinen Stempel aufzudrücken. Und das hat Folgen. Nicht selten nämlich müssen sich dabei Linienmanager in Change-Projekten beweisen und insofern in eine Art Wettbewerb um spätere Führungspositionen eintreten. Aus Sicht des neuen Chefs mag so ein Verhalten verständlich sein, doch allzu oft sind die Auswirkungen auf die Organisation fatal: Strukturen und Verantwortlichkeiten bleiben monatelang ungeklärt, die Mitarbeiter hängen in der Luft, haben keine zuverlässige Weisungs- und Reporting-Linie, sorgen sich um ihre Zukunft im Unternehmen und fühlen sich aufgrund der Kommunikations- und Informationsdefizite nicht ernst genommen.

In Großkonzernen können solche Schwebezustände, in denen kein echter, als zielgerichtet erlebter Wandel stattfindet, länger als ein Jahr andauern. Change findet dann vor allem auf PowerPoint-Folien, in Kabinettsgesprächen und Führungskreismeetings statt. Alle wissen, die Struktur wird verändert und Macht wird neu verteilt – aber niemand kann sagen, wann und in welcher Form. In solchen Phasen ist daher verständlicherweise jedermann im Absicherungs-, Selbstverteidigungs- und Positionierungsmodus.

Zielkonflikte, die nicht offen angesprochen werden, zersetzen die Ergebnisfähigkeit von Veränderungsprojekten.

Die wichtigsten Zielfaktoren für das Unternehmen geraten dann schnell aus dem Fokus: das Geschäft und der Kunde. Konkrete Ergebnisse werden nicht realisiert, weil keine klaren Entscheidungen getroffen werden. Ein CEO aus dem Energiebereich meinte dazu: »Zielkonflikte sind für jedes Projekt eine schwere Hypothek. Ungelöste und verschleppte Ziel- und Interessenkonflikte sind der Tod. Sie verwirren, sie führen in die Irre, sie untergraben die Glaubwürdigkeit eines Projektleiters und das Commitment der Beteiligten.« Unterschiedliche Sichtweisen und Einstellungen sind – offen ausgesprochen – eine Bereicherung und der Nährboden für Kreativität. Werden sie jedoch nicht transparent gemacht und im Dialog bearbeitet, stellen sie ein existenzielles Problem dar. Dann nämlich fangen die Verfolger von *Hidden Agendas* im Unternehmen an, gegeneinander zu arbeiten, bewusst oder unbewusst. Der frühere Vorstand eines internationalen Dienstleistungsunternehmens brachte es auf den Punkt: »Auf der Mikroebene ist es die interne Politik, die Change verhindert.«

Neben den skizzierten Egoismen in den Reihen der Führungskräfte gibt es auch auf der Ebene der Mitarbeiter eine Abwägung zwischen den eigenen Zielen und jenen des Unternehmens. Besonders gravierend ist das in Unternehmen, in denen Linienführungskräfte hinsichtlich Status und Einkommen bessergestellt sind als Fachexperten und Projektmanager. Gerade Change-Projekte, in denen monatelang über Strukturveränderungen diskutiert wird, lähmen dann das gesamte Unternehmen. »Verliere ich an Bedeutung?«, »Verliere ich an Einfluss?«, »Ist mein Job in Gefahr?«, »Bekomme ich einen neuen Chef?« – solche individuellen Sorgen bremsen die Mitarbeit im Sinne des zielgerichteten Wandels substanziell.

Nur durch die Synchronisation persönlicher Motive mit Unternehmensmotiven schaffen es Organisationen, Change-Projekte erfolgreich auf- und umzusetzen. Allen Mitarbeitern und Führungskräften, die für die erfolgreiche Umsetzung der Change-Initiative gebraucht werden, müssen Perspektiven aufgezeigt und Entscheidungs- und Handlungsspielräume zugedacht werden, in denen sie ihre Talente und Fähigkeiten einbringen können. Gelingt das nicht, sind Veränderungen über kurz oder lang zum Scheitern verurteilt.

●●● Mittleres Management lähmen statt befähigen

Eine besondere Rolle im Change-Prozess nehmen, wie schon erwähnt, gerade in größeren Unternehmen die Manager der mittleren Ebene ein. Sie stehen dabei zwischen den Topmanagern, die meist zahlengesteuert sehr ambitionierte Vorgaben machen, und den Mitarbeitern, die in die operativen Probleme des Alltags eingebunden sind und nicht sofort die Notwendigkeit sehen, den von Change-Projekten anvisierten Weg mitzugehen. Angesichts dieser Sandwichposition finden sich die mittleren Manager häufig in einer Situation wieder, die sie besonderem Druck von mehreren Seiten aussetzt und die in Dilemmata und zu Konflikten führt. Zahlreiche Beispiele aus unseren Tiefengesprächen mit Change-Protagonisten illustrieren diese Problematik:

■ **Kontrollverlust und Informationshoheit:** Gerade bei bereichs- und hierarchieübergreifenden Veränderungsprojekten arbeiten Mitarbeiter in Projekten mit, in denen sie Informationen über neue Zugänge austauschen und Entscheidungen mit vorbereiten. Mit diesem Verlust an direkter Kontrolle und Informationshoheit über ihre eigenen Mitarbeiter tun sich nicht wenige mittlere Führungskräfte schwer.

- **Zielkonflikte:** Die Tatsache, dass ernst genommene Arbeit in Change-Projekten zeitintensiv ist, wird in vielen Unternehmen nicht angemessen berücksichtigt. Wenn mittlere Führungskräfte dafür Mitarbeiter abstellen (sollen), wird dadurch die operative Schlagkraft ihres eigenen Bereichs geschwächt. In diesem Fall kommt es nicht selten zu Kapazitätsengpässen, oder die Vorgesetzten neigen dazu, nur Mitarbeiter für Change-Projekte freizugeben, deren teilweise Abwesenheit dem eigenen Bereich nicht schadet. Ob diese Mitarbeiter aber letztlich in der Lage sind, die Change-Initiative tatkräftig zu unterstützen und voranzutreiben, ist dabei sekundär.
- **Interessenkonflikte:** Oft arbeiten mittlere Führungskräfte selbst in Projekten mit, in denen die Zukunft ihres eigenen Bereichs und damit ihr Einfluss und Status auf dem Prüfstand stehen. In der Folge werden Probleme aus Angst vor negativen persönlichen Konsequenzen verständlicherweise oft nicht offen angesprochen oder banalisiert.

Es verwundert daher nicht, dass viele Change-Projekte genau an dieser Stelle scheitern – sei es durch schiere Überforderung oder durch einen psychologisch nachvollziehbaren Zwiespalt zwischen den Vorgaben des Unternehmens und den Eigeninteressen.

Auch im Hinblick auf ihre Vorbildfunktion ist die mittlere Managementebene in einer schwierigen Situation. Einerseits muss sie ihren Mitarbeitern die getroffenen Entscheidungen »verkaufen« und erreichen, dass diese umgesetzt werden. Andererseits aber fehlen ihr dazu oft wichtige Kompetenzen – sei es in fachlicher Hinsicht, in Bezug auf die Besonderheiten der Veränderungsprozesse, aber auch hinsichtlich der Mitarbeiterführung. In vielen der uns geschilderten Fälle fühlten sich die Manager von der oberen Führungsebene allein gelassen und unzureichend auf ihre vielfältigen Aufgaben vorbereitet.

Wenn die nötige Unterstützung ausbleibt

Der Change-Projektleiter eines internationalen Konzerns wird mit einem globalen Projekt zur Standardisierung zentraler Serviceprozesse betraut. Voller Tatendrang stellt er ein kompetentes Team aus Vertretern der betroffenen Länder zusammen. Doch als er alle an einem Ort zusammenbringen will, um den Status quo zu ermitteln, Unterschiede zu identifizieren und Lösungsansätze für gemeinsame Standards zu entwickeln, wird plötzlich das dafür nötige Budget nicht genehmigt – mit Hinweis auf die angespannte Kostensituation und die fixierte jährliche Budgetplanung. Stattdessen weist die Geschäftsführung ihn an, die Länderverantwortlichen zu überzeugen, die Reisen aus ihren eigenen Budgets zu finanzieren. Diese jedoch verweisen auf eine Anordnung, nach der alle nicht dringend erforderlichen Auslandsreisen zu vermeiden sind. Als Chefs vor Ort sehen sie keinen besonderen Anreiz, ihre lokalen Prozesse globalen Standards zu opfern.
So verliert der Projektleiter drei Monate mit der Koordination eines Workshops, der für die Erarbeitung der Projektergebnisse dringend erforderlich ist. Am Ende kommen nur Vertreter aus der Hälfte der Länder. Dies führt wiederum dazu, dass die Vertreter der übrigen Länder sich nicht an die im Workshop erarbeiteten Ergebnisse gebunden fühlen; sie waren schließlich nicht involviert. Die Motivation des Projektleiters ist nach vier Monaten auf dem absoluten Tiefpunkt. Anstatt sich mit dem eigentlichen Thema – der Entwicklung globaler Standards – zu beschäftigen, muss er wertvolle Zeit mit irrwitzigen

Sondergenehmigungsverfahren, Formalien und Terminfindungsorgien vergeuden. Zu allem Überfluss darf er sich am Ende von der Geschäftsführung den Vorwurf anhören, es sei ihm nicht gelungen, ein von allen getragenes Konzept zu entwickeln.

Solche Dilemmata tragen zu Macht- und Überlebenskämpfen in den bestehenden Organisationsstrukturen und Bürokratien bei. So schädlich es für ein Unternehmen sein mag, so verständlich ist es auf individueller Ebene: Wer nicht darauf vertrauen kann, was kommt, und wer nicht weiß, wie seine Stellung in der neuen Welt aussehen wird, kämpft verbissen um den Status quo. Kaum verwunderlich also sind offene oder verdeckt ausgetragene Machtkämpfe ein wesentlicher Faktor dafür, dass notwendige Veränderungen im Unternehmen nicht zielgerichtet oder nicht rechtzeitig stattfinden.

Dabei ist das mittlere Management im Grunde der zentrale Transmissionsriemen für gelingendes Change-Management. Oder wie es einer unserer Interviewpartner treffend formulierte: »Das mittlere Management wird oft als unflexibel, als Bremser und Bedenkenträger kritisiert. Das ist völlig falsch. Das mittlere Management ist der Schlüssel für jedes Change-Projekt. Es übersetzt die oft sehr abstrakten Ideen des Topmanagements in die gelebte Alltagspraxis. So ist es eine ungeheure Ressource, die man allerdings auf die richtige Art und Weise mobilisieren muss.«

»Man kann von Führungskräften nicht erwarten, dass sie gegenüber ihren Mitarbeitern Klarheit schaffen, wenn es für sie selbst keine Klarheit gibt.«

Wenn Führungskräfte der mittleren Ebene jedoch Angst um die Zukunft ihrer Abteilung haben, werden sie – auch in Change-Projekten – versuchen, bestehende Probleme zu beschönigen. Will man ihnen dann Fehler nachweisen oder wird ihnen der Schwarze Peter zugeschoben, wechseln sie in den Selbstverteidigungs- und Rechtfertigungsmodus. Die Folgen einer solchen Konstellation sind klar: Es leidet die Offenheit für neue Impulse, der Blick für kleine, aber entscheidende Verbesserungen und die Bereitschaft, mit anderen Abteilungen gemeinsam eine bessere Lösung zu erarbeiten.

●●● Emotionen ignorieren statt Einwände ernst nehmen

Unser Leben wird nicht primär über unseren Verstand, sondern vor allem über Emotionen geleitet. Das gilt im Job und im Alltag, und es gilt für das Verhalten von Mitarbeitern und Managern ebenso wie für die Kaufentscheidungen von Kunden. Zielgerichteter Wandel kann nicht gelingen, wenn diese Tatsache ignoriert wird und Emotionen in Veränderungsprozessen keinen Raum erhalten.

Denn gerade für das Gelingen von Change-Initiativen spielen Gefühle eine entscheidende Rolle. Eine Befragung der Wirtschaftsprüfungsgesellschaft Capgemini unter Change-Managern hat ergeben, dass Emotionen mit 49 Prozent den wichtigsten Einflussfaktor im Veränderungsprozess darstellen.[5] Der Bundesverband Deutscher Unternehmensberater (BDU) nennt Gefühle gar die Nummer eins der Megatrends im Change-Management: »Die Grenzen von Wissen, Denken und Erfahrung sind erreicht – der emotionale Faktor wird zunehmend wichtiger.«[6]

Die Gründe dafür sind einleuchtend. Das menschliche Gehirn verarbeitet fast alle Umweltinformationen unbewusst. Es gleicht aktuelle Sinneseindrücke mit einer Unzahl gespeicherter Erfahrungen ab, erkennt Muster und Unstimmigkeiten und bewertet viel häufiger intuitiv und emotional statt kognitiv. Wenn jemand sich zuversichtlich und sicher fühlt, wertet er das als gutes Zeichen. Wenn er jedoch ein flaues Gefühl im Magen hat, gibt es dafür meist subjektiv triftige Gründe. Möglicherweise hat er einen moralischen oder in der Sache begründeten Konflikt in Bezug auf die verlangte Aufgabe, oder er spürt, dass er ihr in der gestellten Form nicht gewachsen ist. Vielleicht sagt ihm seine Intuition auch, dass die Zielsetzung unrealistisch ist oder etwas anderes nicht stimmt.

Es ist daher sowohl für den Projekterfolg als auch für den Einzelnen wichtig und sinnvoll, Emotionen als bedeutende und ernst zu nehmende Informationsquelle zu werten, sie bewusst anzusprechen und zu überlegen, wo ihre Ursache liegen könnte und was sie bedeuten. Doch gerade viele Topführungskräfte, die wichtige Dreh- und Angelpunkte des Wandels darstellen[7], haben ein gestörtes Verhältnis zu Emotionen. Nicht wenige von ihnen äußern schon mal: »Jetzt seien Sie mal nicht so emotional!«, um über die Gefühle Betroffener hinwegzugehen. Kein Zweifel: Topmanager laufen in vielen Fällen Gefahr, wichtige Befindlichkeiten ihrer Mitarbeiter nicht richtig und nicht mit der gebotenen Ernsthaftigkeit wahrzunehmen und so den Unternehmenserfolg zu gefährden – auch den von Change-Projekten.

Das fehlende Bewusstsein für die emotionale Komponente von Veränderung wird auch deutlich, wenn eintritt, was auch unsere Forschung gezeigt hat: Topmanager verlieren nicht selten direkt nach der Verkündung beschlossener strategischer Veränderungen oder nach dem Aufsetzen oder der Auftaktveranstaltung eines Change-Projekts das Interesse am weiteren Projektverlauf. Es verwundert nicht, dass die am Projekt Beteiligten das dann als Gleichgültigkeit interpretieren, als mangelndes Interesse an ihrem Engagement und Herzblut – und auch als Ausdruck nachlassender Dringlichkeit. In dem Maße jedoch, wie sich die oberste Führungsriege neuen, vermeintlich wichtigeren Themen zuwendet und angeschobene Change-Projekte aus dem Blick verliert, verkennt sie, dass die wahren Herausforderungen die vielen kleinen Überraschungen, Befindlichkeiten und Probleme sind, die in der Umsetzungsphase von Change-Initiativen auftauchen. Genau dann wäre es Zeit, die Mitarbeiter bei ihren Ängsten und Befindlichkeiten abzuholen, um so zum Gelingen des Projekts beizutragen.

Ängste sind im Verlauf eines Veränderungsprojekts keine Seltenheit, sondern eher die Regel. Ein CEO bestätigte es uns im Interview: »Veränderung schafft in aller Regel zunächst einmal Unsicherheit und nicht Begeisterung. Unsicherheit macht Angst, eine besonders starke und handlungsleitende Emotion. Sie setzt Abwehr und Selbstbehauptung in Gang.« Das gilt insbesondere, wenn das Management wechselt. Verstärkt wird das, wenn das neue Management beschließt, mit einem »neuen Besen« all die Erfahrungen und Routinen der Vergangenheit hinwegzufegen. Denn dann heißt es plötzlich – verbal oder durch vorgelebtes Verhalten: »Jetzt wird alles anders!«

Dabei wird jedoch verkannt, dass die Wertschätzung der Vergangenheit ein entscheidender Punkt für die Akzeptanz von Veränderung und das emotionale Befinden aller Change-Beteiligten ist. Denn in der Vergangenheit liegt die Ursache für die notwendige Veränderung, ebenso wie die Begründung, warum diese so und nicht anders erfolgen muss. Zielgerichteter Wandel muss die Historie des Unternehmens aktiv und bewusst einbeziehen. Appelle wie »Ab sofort blicken wir nur noch nach vorn« sind daher eher ein Ausdruck von Ignoranz denn von Entschlossenheit und Zukunftsorientierung. Abgesehen davon ist für jeden Menschen seine Vergangenheit – auch die Vergangenheit im Unternehmen – prägend und wichtig. Mitarbeiter ebenso wie Manager haben Jahre, manchmal sogar Jahrzehnte in einer Abteilung, in einer Funktion, an einem Arbeitsplatz verbracht und sich für »ihr« Unternehmen eingesetzt, sowohl fachlich als auch emotional.

Die Folgen der Vernachlässigung der Vergangenheit können einschneidend sein. Insbesondere können sie zu einem dramatischen Motivationsverlust führen, also zum Verlust der emotionalen Verankerung dessen, was als wichtig erlebt und als wichtig angestrebt wird.

Und es gibt noch einen Grund, weshalb die »Alles wird anders«-Masche ganz normaler Change-Wahnsinn ist: Selbst bei gravierenden strategischen Änderungen, sind selten mehr als zehn Prozent der Alltagsroutinen und -tätigkeiten betroffen. Haben Menschen das Gefühl, sie müssten alles ändern, fühlen sie sich wertlos, überfordert und gelähmt. Sind die geforderten Veränderungen hingegen überschaubar, zeigen sie eher Neugier und Interesse. Daher entscheidet das wahrgenommene Ausmaß der nötigen individuellen Veränderung über den Erfolg oder Misserfolg des Change-Projekts.

Die Folgen sind klar: Mitarbeiter, die nicht akzeptieren, dass man ihre Emotionen kontinuierlich übergeht, und für sich eine realistische Option sehen, verlassen in der Regel früher oder später die Firma[8], während andere die innere Kündigung oder den Dienst nach Vorschrift wählen.

In der Folge wird es für das Topmanagement immer schwieriger, überhaupt noch gehört zu werden, sei es auf der Ebene der mittleren Manager oder auf der Ebene der Mitarbeiter. Will es wirklich ernst genommen werden, muss es die Emotionen der Mitarbeiter aufgreifen und darauf eingehen. Einer unserer Gesprächspartner bestätigte uns gegenüber: »Ich bin der dritte Kandidat in den letzten zwei Jahren, der es jetzt richten soll. Die Gespräche, die mich bewogen haben, den Job anzunehmen, stehen in krassem Gegensatz zu den Punkten, die ich aus den ersten Mitarbeitergesprächen mitgenommen habe. Ich wäre froh, wenn es hier emotionaler zugegangen wäre, aber das war schon fast apathisch. Die Identifikation mit dem Unternehmen und der Glaube, hier etwas verändern zu können, hat seinen Nullpunkt erreicht.«

In der Tat gilt: Starke negative Emotionen rufen oft Widerstand hervor, wenn sie nicht gesehen, gewürdigt und angesprochen werden. Wenn Vorgesetzte bewusst oder unbewusst von ihren Mitarbeitern ein Verhalten verlangen, das mehr taktischem Kalkül als der Schaffung eines Ergebnisses mit Sinn und Bedeutung dient, sind emotionale Widerstände der Mitarbeiter mehr als berechtigt. Der Geschäftsführer eines Automobilzulieferers räumte im Gespräch mit uns offen ein: »Ich kann Ihnen gar nicht sagen, wie mich dieses ständige ›Ja, aber‹ früher auf die Palme gebracht hat. Heute bin ich der Meinung, dass diese Ja-Abers mir ein Zeichen geben. Nämlich dass die Kollegen entweder nicht verstanden haben, worum es mir geht – dann habe ich mich vielleicht nicht klar ausgedrückt –, oder – was auch vorkommt – es genau verstanden haben und gute Gründe haben, die Hand zu heben.« Fehlt diese Erkenntnis und werden Anmerkungen und Einwände über längere Zeit oder wiederholt ignoriert und nicht aufgelöst, setzt sich im schlimmsten Fall eine fatale Abwärtsspirale in Gang. Weil die Mitarbeiter »gelernt« haben, dass Change-Projekte regelmäßig an der Sache vorbeigehen, politisch verzerrt sind und die Sicht der Basis ignorieren, fehlt irgendwann jede Veranlassung, an einen möglichen Erfolg des Veränderungsvorhabens, an zielgerichteten Wandel und echten Fortschritt zu glauben.

Auf der individuellen Ebene sind Vorbehalte gegenüber Veränderungen im Übrigen ein vernünftiges mentales Selbstschutzprinzip. Solange der Betroffene nicht den Nutzen für sich selbst versteht, fallen ihm automatisch Vor- und Einwände ein. Aus seiner Sicht sind diese Einwände in jedem Fall berechtigt, denn warum sollte er Kraft und Zeit aufbringen und Risiken für etwas eingehen, was er nicht nachvollziehen kann?

Angesichts der generell miserablen, schon zuvor beschriebenen Erfolgsbilanz von Change-Vorhaben, sollte man sich davor hüten, solche oder ähnliche emotional begründbare Widerstände pauschal als Bequemlichkeit oder Mäkelei abzutun. Sie mögen in jedem Einzelfall gute Gründe haben. Der Leiter des zentralen Projektoffice eines Großkonzerns etwa schilderte die negativen Auswirkungen von zu hohem Druck sehr plakativ: »Ich habe auch mit Change-Opfern zu tun. Man hat ihnen Aufgaben in Veränderungsprozessen gegeben, denen sie vom Persönlichkeitsprofil nicht gewachsen waren. Einer, den ich kenne, ist daran zerbrochen. Er hat sein Scheitern nicht überwunden. Man hatte ihm gesagt: ›Wenn du das schaffst, wirst du befördert.‹ Aber man hatte ihn falsch eingeschätzt. Er übernahm die Projektleitung in einem sehr politischen Projekt – und er wurde in der Löwengrube quasi zerfleischt.«

Ein anderer Change-Manager, der zuletzt in einem europäischen Mischkonzern arbeitete, erzählte uns: »Sehr häufig war es die Ungeduld des Topmanagements, die Change erschwert hat. Ich wurde bei einem Projekt als Projektleiter so unter Druck gesetzt, dass ich einen Hörsturz bekam. Die Projektlaufzeiten wurden einfach vorgegeben, ohne sich mit ihrem Realismus zu beschäftigen. Wir haben Tag und Nacht gearbeitet. Im Nachhinein denke ich: Ich hätte mich wehren sollen.«

➤ »Für mich ist ein zentraler Maßstab, ob es gelingt, den mentalen Stress zu minimieren. Das ist einerseits ein ganz eigenes Ziel von Change, andererseits auch eine Vorbedingung für dessen Gelingen.«

Es gilt also: Wenn das Selbstvertrauen von Projektmitgliedern unter dem sich selbst oder von Dritten auferlegten Leistungsdruck leidet, entstehen menschliche Verletzungen und ökonomischer Schaden.

Dabei ist Druck nicht grundsätzlich falsch. Auch Angst gehört zum Leben und kann förderlich sein, wenn sie in Form von Lampenfieber oder der kollektiven Sorge auftritt, ein akzeptiertes Qualitätsniveau zu treffen oder einen gemeinsam versprochenen Zeitpunkt einzuhalten. Um die Komfortzone des Alltags zu verlassen, ist ein gewisses Maß an Druck und Angst nötig. Doch dem von John P. Kotter beschworenen *Case of Urgency*, also dem Szenario, das die Dringlichkeit einer Veränderung und die möglichen Konsequenzen eines Scheiterns beschreibt, muss immer auch eine positive Perspektive entgegengesetzt werden, also eine motivierende Beschreibung des Erfolgsfalls.

Das heißt aber nicht, dass Mitarbeiter, die Einwände vortragen, auf zeitliche oder andere Ressourcenengpässe oder auf Risiken hinweisen, schlicht als Bedenkenträger abqualifiziert werden sollten. Möglicherweise stehen sie voll und ganz hinter dem Was und Warum, machen sich aber womöglich zu Recht Sorgen in Bezug auf das Wie. Es ist eben eine der großen Führungsaufgaben in Veränderungsprojekten, den Unterschied zwischen Abwehrimpuls und Verharren in der Komfortzone einerseits und berechtigtem Einwand beziehungsweise sinnvollem Arbeitsbeitrag andererseits zu erkennen und darauf adäquat zu reagieren. Denn sobald sich Leistungsträger in Projekten ausgenutzt oder fremdbestimmt fühlen, wird Druck als Managementmethode bei Change-Projekten gefährlich. Dann zerstört er Vertrauen, verursacht negativen Stress und führt so zu Aggression und Widerstand, Hyperaktivität, Flucht oder Starre.

Was für Change-Initiativen Gift ist

- Ängstliche Entscheider: Der zuständige Manager trifft keine klaren Entscheidungen. Ohne klare Zwischenziele und Entscheidungen hinsichtlich der notwendigen Schritte kann es jedoch keinen zielgerichteten Wandel, keinen fruchtbaren Fortschritt geben.

- Blinder Aktionismus: Um von der eigenen Unentschlossenheit abzulenken und Unsicherheiten zu überspielen, werden auf die Schnelle unüberlegt Maßnahmen angestoßen, nur damit alle Beteiligten beschäftigt sind. Inwiefern diese Maßnahmen sinnvoll in Bezug auf das Zielbild, die Vision sind, wird nicht thematisiert.

- Geheime Agenden: Die Akteure der Change-Initiative verlieren sich in politischen Spielchen mit verdeckten Karten. Jeder ist nur auf seinen eigenen Vorteil bedacht; die wahren Ziele der Change-Initiative treten in den Hintergrund.

- Gebundene Hände: Die Unternehmensleitung überfordert die mittlere Führungsebene durch Unentschlossenheit ebenso wie durch unerfüllbare Vorgaben und bürokratische Prozesse. Doch Führungskräfte brauchen selbst Klarheit, um ihren Mitarbeitern das weitere sinnvolle Vorgehen vermitteln zu können.

■ Verschlossene Augen: Emotionen und Widerstände der Beteiligten werden ignoriert. Doch Gefühle sind in Change-Prozessen essenziell, da sie die Macht besitzen, die Change-Initiative zu stützen oder zu torpedieren.

●● WIE ES GEHT

Die grundlegende Frage, die es für das zweite Aktionsfeld zielgerichteten Wandels zu beantworten gilt, lautet: Wie kann es im Rahmen von Change-Projekten gelingen, zeitnah nötige und angemessene Entscheidungen zu treffen und angestrebte Ergebnisse in der richtigen Folge und mit den richtigen Lehren wirksam zu realisieren?

Damit das zweite Aktionsfeld sein Potenzial entfalten kann, geht es also letzten Endes darum, im Rahmen von Change-Initiativen adäquat mit den zu erwartenden Unsicherheiten und Ängsten in Management und Belegschaft umzugehen und trotz laufender operativer Ablenkungen die Entscheidungen und Handlungen der Change-Akteure immer wieder auf die übergreifenden Ziele und das Nutzenversprechen eines Change-Projekts auszurichten. Das ist gerade in einer zunehmend spezialisierten und arbeitsteiligen Umgebung mit kleinteiligen Entscheidungsprozessen nicht einfach. Vier Aktionsfelder sind dabei entscheidend.

●●● Mitarbeiter, die gemeinsame Unternehmensziele verinnerlicht haben

Für Change-Projekte sind klare Ziele ein wesentlicher Dreh- und Angelpunkt. Damit ein Change-Projekt erfolgreich wird, darf jedoch, wie schon erläutert, keine Zielfokussierung in Gestalt von Zahlen im Vordergrund stehen. Eine Führungskraft eines international agierenden Hightech-Unternehmens äußerte sich im Hinblick auf die Zahlenhörigkeit vieler Unternehmen folgendermaßen: »Ziele werden bei uns nicht über Zahlen, sondern über nachvollziehbare Szenarien vermittelt. Es geht uns nicht so sehr darum, ob das Ziel gefällt, sondern wie ehrlich, authentisch und offen es gelingt, die Notwendigkeit des Ziels zu vermitteln.« Es steht also die Frage nach dem Warum eines Change-Projekts im Mittelpunkt der Kommunikation.

Was würde passieren, wenn alle Beteiligten sich statt auf die Belastung durch den Wandel auf gemeinsame erstrebenswerte Ziele fokussierten, mit denen sie sich identifiziert haben, weil sie ihren konkreten Beitrag zur Erreichung kennen? Dieser Schritt verlangt Menschen, die das Zielbild der Veränderung im Alltag nutzen, um daraus kluge situative Entscheidungen und Zwischenziele abzuleiten, die erforderlich sind, um den Weg durch das unbekannte Terrain des »Wie« zu finden.

Verhaltensziele müssen dabei so formuliert werden, dass sie täglich bis zu einem gewissen Grad erreicht werden können. Nur dann bieten sie allen Change-Akteuren Tag für Tag Orientierung und sind keine Worthülsen mehr. Der Vorstand eines IT-Unternehmens bestätigte uns dies im Interview: »Grundbedingung ist: Alle müssen wissen, worum es geht, was wir konkret erreichen möchten. Ich sage dann immer: Lasst uns doch, statt von einem ›internen Loyalitätsprogramm‹ zu sprechen, sagen: ›Wir möchten, dass sich Mitarbeiter unterschiedlicher Abteilungen häufiger austauschen und ihre Ziele aufeinander abstimmen.‹ Fertig. Darunter kann ich mir etwas vorstellen und die Kollegen auch. Hier steckt das Ergebnis bereits in der Zielformulierung: Austausch und Abstimmung der Ziele – und zwar abteilungsübergreifend.«

Einer unserer Gesprächspartner beschrieb zudem, wie essenziell Sicherheit und Zuversicht in Change-Prozessen sind: »Sicherheit ist ein elementares Bedürfnis. Nur im Zustand empfundener Sicherheit und Zuversicht setzt der Kopf die nötige Energie frei, um sich auf etwas anderes zu konzentrieren. Deshalb ist es eine zentrale Aufgabe des Change-Managements, bei den wichtigen Zielgruppen und Stakeholdern das Gefühl von Zutrauen und Sicherheit zu schaffen.«

Es ist offenkundig, dass an dieser Stelle das erste und das zweite Aktionsfeld zielgerichteten Wandels ineinandergreifen. Denn nur aus einer klaren, kraftvollen Vision, in der die wesentlichen Prinzipien verkörpert sind, lassen sich auf dem unbekannten Weg dorthin die notwendigen taktischen Entscheidungen ableiten. Zielgerichteter Wandel ist vergleichbar mit einer Expedition: Der Expeditionsauftrag muss klar und das Expeditionsteam von einer starken Vision angezogen sein, und es muss sich gut auf Unwägbarkeiten und potenzielle Hindernisse vorbereiten. Im Fall des Falles gilt es dann, flexibel und agil zu reagieren, statt an starren, vorgefertigten Plänen festzuhalten, sowie die Vor- und Nachteile möglicher Optionen abzuwägen und vor allem beständig zu lernen, den bisherigen Weg zu reflektieren und daraus zielführende Schlüsse für die nächste Etappe abzuleiten.

Das zu erreichen ist leichter, als viele Manager glauben. Vor allem ist eines nötig: den Betroffenen aufmerksam und wertschätzend zuhören und sie ernst nehmen. Es gilt also, auf die Fragen der Change-Akteure offen einzugehen und ehrliche Antworten zu geben. Dabei zählt zur Aufrichtigkeit auch, dass Manager eigene Defizite eingestehen und zugeben können, die richtige Antwort auf die gestellte Frage nicht zu kennen – zumindest derzeit noch nicht. Der Vorstand einer norddeutschen Werft sagte hierzu klipp und klar: »Ich spreche die Frustrationen und Ängste offen an. Als wir Teile der Produktion ins Ausland verlagerten, rief ich die Manager zu mir, auf die ich in diesem Prozess zählte. Ich versicherte jedem von ihnen in einem Vier-Augen-Gespräch: ›Auch wenn wir deinen Bereich auflösen, ich garantiere dir, du bekommst einen gleichwertigen Job, eine mindestens genauso interessante Aufgabe. Du musst dir also keine Sorgen machen.‹ Das ist elementar, wenn man sie während des Projekts als Partner haben möchte.«

●●● Unternehmensziele, die auch individuelle Ziele sind

Mit der Schaffung eines gemeinsamen Verständnisses über die angestrebten Ziele ist eine erste wichtige Voraussetzung für den Projekterfolg erfüllt. Ein Topmanager in einem internationalen Konzern sagte uns dazu: »Die übergeordnete Zielsetzung ist bekannt und transparent. Was nun fehlt, ist die Übersetzung für jeden Einzelnen: Was heißt das konkret für mich? Was kann ich dazu beitragen?« Die Beantwortung dieser Fragen ist der Knackpunkt für ergebnisorientiertes Führen.

➡ **Einer guten Führungskraft gelingt es im Rahmen von Change-Projekten nicht nur, Ziele für die handelnden Akteure zu vermitteln, sondern auch einen Selbstbezug zwischen den Unternehmenszielen und den individuellen Zielen herzustellen.**

Aus Change wird für das Unternehmen nur dann zielgerichteter Wandel, wenn eine Führungskraft die persönlichen Befindlichkeiten und Zustände der Beteiligten antizipiert und stets darauf hinarbeitet, dass die Change-Akteure einen als sinnvoll erlebten Bezug zwischen eigenen Zielsetzungen und den Unternehmenszielen herstellen können.

Sobald Menschen in dem, was sie tun, eine tiefere Bedeutung im Kontext ihrer individuellen Lebenssituation sehen, sobald sie das Gefühl haben, einer guten Sache zu dienen und Nutzen für sich und andere zu schaffen, identifizieren sie sich leichter mit dem Unternehmenszial und den Zielen von Change-Projekten und machen sie zu ihren eigenen. Dabei gilt allerdings: Manager können dem Einzelnen lediglich die Ziele erläutern und den Beitrag aufzeigen, den er zur Verwirklichung leisten kann. Den entscheidenden Schritt aber, also den hin zur Selbstverpflichtung, sich für diese Ziele auch aktiv einzusetzen, kann immer nur derjenige gehen, der den Einsatz bringen soll. Und er geht diesen geistigen Schritt umso eher, wenn für ihn Kongruenzen zwischen eigenen und den Change- beziehungsweise Unternehmenszielen erlebbar werden.

»Zielkonflikte sind wie Eisberge. Häufig liegen große Teile der Sichtweisen und Interessen unter der Wasserlinie der offenen Agenda. Mein Job als CEO ist es häufig, den nicht sichtbaren Teil erkennbar zu machen, um fatale Kollisionen zu verhindern.«

Klare Ziele im Sinne angestrebter und erstrebenswerter Zustände sind ein zentraler psychologischer Antrieb für menschliches Handeln, aber eben nur dann, wenn der, der sie umsetzen soll, sie sich zu eigen macht. Ein Ziel ist dabei nicht nur als ein rational zu begreifender Zustand zu verstehen, sondern als eine unauflösbare Kombination aus Ratio und Emotion. Letztendlich aber zählt das Gefühl, denn es entscheidet darüber, ob man sich beim Denken an oder auch Hinarbeiten auf das Ziel im Alltag gut oder schlecht fühlt.

Natürlich gilt dabei, was häufig vergessen wird: Menschen wollen sich gut fühlen, sie wollen anerkannt werden, sie sehnen sich nach dem Gefühl von Bedeutung oder Sicherheit, von Status oder Verbundenheit. Wenn Mitarbeiter im Rahmen von Change-Projekten aktiv werden sollen, dann gelingt das nur, wenn sie sich von ihrem Handeln die Verbesserung ihres immer auch emotional aufgeladenen Zustands gegenüber der Gegenwart erwarten oder damit eine absehbare Verschlechterung ihrer Lage vermeiden wollen.

Aus dieser Logik lassen sich zwei grundlegende Stoßrichtungen der Unternehmensführung mit Relevanz für Change-Projekte ableiten. Zum einen kann sich die Unternehmensführung auf proaktiven Wandel ausrichten, oder aber sie kann reaktiven Wandel anstreben.

■ **Im Rahmen von proaktiv angetriebenem Wandel** strebt die Unternehmensführung grundsätzlich an, sich nicht vom Markt vor sich hertreiben zu lassen, sondern ihn am besten aktiv zu gestalten: Das heißt, sie will am besten als *First Mover* neue Angebote oder Geschäftsmodelle entwickeln lassen und so Monopolgewinne einfahren. Der Antrieb für einen solchen Ansatz des Wandels ist in der Regel eine eigene Vision, wie sie etwa die Gründer von SAP hatten, Steve Jobs bei Apple, Ingvar Kamprad bei IKEA oder das Management von IBM, dem die Transformation vom Hardwaregiganten hin zum globalen Serviceunternehmen für Informationsdienstleistungen gelungen ist. Mit ihrer Vision sucht die Unternehmensführung in der Belegschaft eine breite Begeisterung für Unternehmensstrategie und daraus abgeleitete Change-Initiativen zu entfachen, um auf diese Weise konstruktives und schöpferisches Handeln zu ermöglichen.

■ **Im Rahmen von reaktivem Wandel** hingegen sieht sich das Topmanagement gezwungen, Veränderungen anzustoßen, weil die Wettbewerbsfähigkeit sinkt, der Marktanteil zurückgeht oder die Finanzkennzahlen einen negativen Trend aufweisen. In einer solchen Konstellation empfinden die Mitarbeiter Druck, sie haben Sorgen in Bezug auf ihre Zukunft im Unternehmen. Und das zu Recht, denn reaktiver Wandel ist selten mit kreativen Spitzenleistungen verbunden. Vielmehr wird häufig zum erstbesten Mittel gegriffen: Personalabbau und Kostenreduktion. Das Problem dabei: Die notwendigen Spielräume sind meist gering, und es ist schwer, den Akteuren eine gemeinsame Zukunftsvision aufzuzeigen, die motiviert und zum aktiven Mitmachen anregt.

In beiden Fällen sind erfolgreiche Veränderungsprozesse dadurch gekennzeichnet, dass es gelingen muss, eine Verknüpfung zwischen den Zielen des Einzelnen und den Unternehmenszielen herzustellen und damit die nötige Energie für die anstehende Veränderung zu mobilisieren.

Wie entscheidend die Mobilisierung von Energie für eine erfolgreiche Veränderung ist, zeigt ein zwei Jahre andauernder Versuch, den die Stanford University mit mehr als 400 Schülern durchgeführt hat. Dabei wurde die eine Hälfte der Schüler aufgefordert, sich aus einer Liste von vorgeschlagenen Werten den für sie wichtigsten auszuwählen. Lediglich dreimal während des Schuljahres wurden sie gebeten, einen kurzen Aufsatz zu schreiben. Dabei sollten sie überlegen, warum der ausgewählte Wert für sie wichtig war und was sie dafür tun würden, ihn durch ihr Handeln zu verwirklichen. Die Liste enthielt Wertvorstellungen wie »sportlich sein«, »kreativ sein«, »religiös sein«, »unabhängig sein« oder »Teil einer Gruppe sein«. Die andere Hälfte der Schüler sollte sich denjenigen Wert heraussuchen, der sie am wenigsten interessierte. Diese Schüler sollten sich überlegen, warum er jemand anderes interessieren könnte. Das Ergebnis: Am Jahresende war der Zeugnisdurchschnitt derjenigen Schüler, die über ihre wichtigsten Werte nachgedacht hatten, um eine halbe Note besser als in der zweiten Gruppe. Zudem blieben lediglich fünf Prozent der Schüler in der ersten Gruppe sitzen, während es in der anderen Gruppe 18 Prozent waren, also mehr als dreimal so viele.

Die Botschaft ist klar, und sie lässt sich in Gestalt einer Frage-stellung auf das Wirtschaftsleben – also auch auf das Gelingen von Change-Initiativen – übertragen: Ist der Fokus der Mitarbeiter darauf gerichtet, dass sie in ihre Arbeit Prinzipien einbringen, die ihnen selbst wichtig sind, oder spekulieren sie darüber, warum andere ihnen etwas als wichtig vorgeben, das sie nicht teilen?

➡ Der stärkste Anreiz für Menschen ist es, etwas mit Sinn, Bedeutung und klarer Zielfokussierung zu tun und so das Gefühl von Selbstwirksamkeit zu haben, das Tag für Tag aus einer konstruktiven und produktiven Arbeit erwächst.

Ein solcher Selbstbezug entsteht, wenn es einer Führungskraft gelingt, ihre eigenen Ziele dem Projektteam oder den Mitarbeitern anschau-lich zu vermitteln, ohne dabei bevormundend zu wirken, sondern überzeugend genug, dass diese sie zu ihren eigenen machen. Dazu ist wichtig, dass jeder Einzelne sich bewusst macht, was er an Stärken einbringt, welche persönlichen Werte oder Ideale er verwirklicht und welche Vorteile er persönlich davon hat, sich für die übergeordneten Ziele einzusetzen. Ziele auf Augenhöhe auszuhandeln bedeutet ge-lebte Wertschätzung. Der Vorstand eines Elektronikkonzerns meinte hierzu: »Wertschätzung ist ein Grundbedürfnis des Menschen. Ich glaube, man kommt immer wieder zurück auf diese Grundbedürf-nisse. Stolz entsteht dann, wenn man für das, was man macht, auch von anderen respektiert wird.«

Was aber, wenn mit den Befindlichkeiten und Gefühlen nicht ernst-haft und glaubwürdig umgegangen wird, sie also übergangen oder ba-nalisiert werden? Dann fühlen sich die Betroffenen betrogen. Unternehmensziele im Allgemeinen und Ziele für Change-Projekte sind auch dann verdächtig, wenn sie zu euphorisch klingen, wie das folgende Zitat eines CEO aus dem Automobilsektor unterstreicht: »Mitarbeiter wollen ernst genommen werden. Das erreicht man nicht mit Show-Effekten und Superlativen, sondern mit Nachvollziehbarkeit und Ehrlichkeit.«

Warum Ehrlichkeit und Authentizität essenziell für Change sind

In einem großen IT-Unternehmen herrschen harte Zeiten, doch die Hoffnungen, die durch das alte, inzwischen abgelöste Management geschürt wurden, haben sich nicht erfüllt. Die Mitarbeiter fühlen sich hintergangen und in die Irre geführt und machen ihrem Ärger und ihrer Enttäuschung im Rahmen einer Mitarbeiterdemonstration vor dem Vorstandsgebäude Luft. In der Vorstandsriege wird hitzig diskutiert, wie man mit der Situation umgehen soll: Sich der Wut und Verzweiflung der Belegschaft stellen oder sie ignorieren? Moderatoren oder Mediatoren vorschicken und selbst im Hintergrund bleiben oder persönlich Farbe bekennen?

Der neue Vorstandsvorsitzende, ein erfahrener Topmanager, trifft schließlich die mutige Entscheidung, zu tun, was sich kurz darauf als das einzig Richtige erweist. Er geht persönlich zu den Mitarbeitern und erklärt ihnen den Ernst der Lage. Dabei spricht er auch offen über seine eigenen Gefühle sowie die offenkundigen Emotionen der Mitarbeiter. Einerseits stellt er klar, dass er in dieser verfahrenen Situation keine schnellen Erfolge erwartet. Dabei belässt er es jedoch nicht, sondern spricht andererseits auch die Ursachen und Gründe an und erläutert die geplanten

> Maßnahmen, die das Unternehmen mittelfristig wieder
> auf die Erfolgsspur bringen sollen.
>
> Was nach seiner Ansprache passiert, ist eine Überraschung
> für die gesamte Managementebene: Aus der wütenden
> Menge wird auf einmal spontaner Applaus laut. Eine De-
> monstration des Ärgers und der Wut verwandelt sich in
> Respekt gegenüber demjenigen, der mit seiner ganzen
> Persönlichkeit und Autorität für das einsteht, was jetzt
> getan werden muss, und der die Sorgen und Nöte der Be-
> legschaft ernst nimmt.

Unsere bisherigen Ausführungen machen deutlich, dass es bei der Herstellung von emotionalem Selbstbezug entscheidend ist, eine Verknüpfung zwischen den eigenen Werten und Zielsetzungen des Mitarbeiters und den Werten und Zielsetzungen des Unternehmens herzustellen. Geeignete Wege hierzu sind folgende:

- Den Projektmitgliedern die eigenen Zielsetzungen und Vorstellungen über den Weg aus der eigenen Perspektive schildern, ohne Erwartungen auszusprechen oder direktive Vorgaben zu machen;
- die Mitarbeiter fragen, welche ihrer Stärken sie einbringen können und was ihr Beitrag sein kann, um die übergeordneten Zielsetzungen zu erreichen;
- den Fokus der Mitarbeiter darauf richten, welche persönlichen Ideale sie über die Arbeit an einem Projekt, die Umsetzung neuer Verhaltensweisen, in ihrem Leben verwirklichen können – zum Beispiel zum Nutzen des Unternehmens beitragen, persönliche Entwicklung erfahren, eigenverantwortliches Arbeiten, Expertise, wichtige Erfahrungen sammeln, Anerkennung erhalten, etwas Neues lernen et cetera;

- mit den Mitarbeitern anhand konkreter Alltagssituationen bespre-
  chen, wie sie sich künftig in »Momenten der Wahrheit« verhalten
  und einbringen könnten, die den größten Einfluss auf die strategischen Zielsetzungen haben, und sie fragen, was sich im Vergleich
  zum Status quo verändern würde;
- die Mitarbeiter aktiv auf ihre Emotionen in Bezug auf das Ziel/ihre
  Aufgaben ansprechen;
- bei negativen Emotionen gemeinsam überlegen, was der betroffene
  Akteur braucht, um sich zuversichtlich und motiviert zu fühlen –
  vielleicht fehlen noch wichtige Informationen oder Spielregeln, die
  vereinbart werden müssen;
- die Beiträge und persönlichen Zielsetzungen der Mitarbeiter in
  Bezug auf das Change-Projekt schriftlich fixieren – ein großer Ver-
  trauensbeweis und damit eine motivierende Verhaltensweise ist es,
  wenn die Vorgesetzten dieses Dokument nicht kontrollieren, sondern sich von den Mitarbeitern erzählen lassen, was sie für wichtig
  und relevant halten.

●●● Aufmerksamkeit, die stets das Wesentliche im Blick behält

Der Erfolg von Change-Initiativen ist zudem davon abhängig, wie gut
es gelingt, die Aufmerksamkeit der Change-Akteure auf die angestrebten Ziele und den Weg dorthin zu fokussieren. Gute Führungskräfte wissen, wie wichtig es ist, die Aufmerksamkeit in Projektteams,
aber auch in der Umsetzung von Verhaltensänderungen, täglich aufs
Neue auf nutzbare, konkrete und positiv belegte Ergebnisse zu lenken.
Deshalb wäre es naiv zu glauben, es reichten formale Zielvereinba-
rungsgespräche, die einmal jährlich stattfinden, oder eine einmalige
Präsentation von Projektzielen, um damit alle Einzelentscheidungen

und -handlungen des Alltags dauerhaft auf das übergeordnete Ziel auszurichten.

➡️ **Die bewusst gelenkte Aufmerksamkeit ist wichtig für den Erfolg. Aber sie ist limitiert und flüchtig.**

Das genaue Gegenteil ist notwendig. Um die begrenzte Ressource Aufmerksamkeit immer wieder neu zu kalibrieren, ist das ritualisierte Bewusstmachen der eigenen Verhaltens- oder Ergebnisziele und des eigenen Beitrags ein zwar unspektakuläres, aber extrem starkes Instrument. Hierdurch gelingt es, die Effektivität massiv zu steigern. Ein erfahrener Manager eines Konzerns schilderte, wie flüchtig die Projektziele im Arbeitsalltag sind: »Es ist frappierend. Wenn ich in einem Projektmeeting mal die Frage stelle: ›Wisst ihr eigentlich, was wir mit unserem Projekt am Ende bewirken wollen?‹, schaue ich häufig in verblüffte Gesichter. Die Mitarbeiter haben über ihre täglichen Projektaufgaben, To-do-Listen, Statusmeldungen und Probleme den eigentlichen Zweck aus den Augen verloren. Es lohnt also, sich das Projektziel jede Woche neu nahezu gebetsmühlenartig ins Bewusstsein zu rufen.«

Eine wichtige Rolle bei der Lenkung der Aufmerksamkeit der Mitarbeiter spielt, wie schon im vorigen Kapitel beschrieben, ein anschauliches Leitbild. Dabei ist es die Aufgabe aller Change-Beteiligten, trotz täglich neuer Überraschungen und Ablenkungen den Fokus immer wieder auf das übergeordnete Leitbild zu lenken und im Projektalltag kreative und pragmatische Wege zu finden, sich diesem Bild zyklisch mit konkreten Versuchen, regelmäßiger Analyse der Wirkung und lernender Weiterentwicklung der Ergebnisse zu nähern.

Die große Kunst besteht nun darin, Kurs auf die Erreichung dieses Leitbilds zu halten. Hierbei spielt schnelles, institutionalisiertes, organisatorisches Lernen eine zentrale, in manchen Branchen eine essenzielle Rolle. Richtig formuliert und vermittelt beschreibt das Leitbild den Zielzustand der Change-Initiative, der als maßgeblicher Informationsfilter für fokussiertes und orchestriertes Selbstmanagement dient. Eine ergebnisorientierte Führungskraft sollte sich daher täglich fragen, wie sie dafür Sorge tragen kann, dass die Change-Akteure dem übergeordneten Leitbild ein sinnvolles Stück näher kommen. Dazu sollte sie unbedingt in Betracht ziehen, wie ein formuliertes Ziel auf jene wirkt, die es erreichen sollen – und welche Lösungswege wohl am effektivsten zur Erreichung des übergeordneten Ziels beitragen.

Im zweiten Aktionsfeld zielgerichteten Wandels geht es jedoch vielmehr darum, sich mit dem Wie zu beschäftigen: Wie kann in einem instabilen, teilweise unberechenbaren Kontext, in den Wirren des Alltags, der Weg zu den leitbildartigen Zielen im Rahmen von Change-Initiativen erreicht werden? Dazu ist ein permanenter Dialog der betroffenen Change-Akteure nötig, ein ständiger Abgleich der konkreten Bewertungen und Vorstellungen in den Köpfen der Beteiligten. Um seinen Beitrag zu verinnerlichen, ist es elementar, dass jeder Akteur sein Verständnis von seiner individuellen Rolle und Aufgabe und dem angestrebten Ergebnis in seiner eigenen Denkweise und Sprache wiedergibt und mit dem Ergebnisverantwortlichen diese Vorstellung abgleicht. Deshalb sollten die Beiträge in einem Projekt oder einem Veränderungsprozess genauso wie die gewünschten Verhaltensweisen sehr anschaulich besprochen und nicht pauschal vorgegeben werden.

Viele Maßnahmen zur Change-Kommunikation scheitern daran, dass sie unspezifische Botschaften in Broschüren, Mitarbeiterzeitungen, E-Mails und Intranetveröffentlichungen streuen. Es verlangt den Change-Akteuren einen hohen Zeit- und Konzentrationsaufwand ab, um irgendwo einen Textabschnitt zu finden, der sie persönlich betreffen könnte. Das Gleiche gilt für Pflichtveranstaltungen, bei denen in bunter Mischung über Change diskutiert wird unter dem Motto »Hauptsache, wir reden darüber«.

Veränderte Einstellung durch veränderte Sprache

Kein Zweifel, Manager lieben das Wort »Effizienz«. Es suggeriert ökonomische Verbesserung: schneller mehr erreichen unter reduziertem Mittelaufwand. Fordert die Führungsebene aber die Belegschaft auf, effizienter zu arbeiten, fühlen sich die Mitarbeiter nicht selten in die Ecke gestellt. Sie projizieren in diesen Appell Vorwürfe hinein wie etwa »Ihr arbeitet zu langsam«, »Ihr macht unnötige Extraschleifen«, »Ihr seid zu viele für den Job, es muss dringend ausgesiebt werden«.

Eine Möglichkeit, mit diesem Dilemma umzugehen, ist es auch hier, verständliche und eindeutige Ziele zu formulieren. Wenn etwa das nächste Effizienzsteigerungsprogramm ein verständliches und eindeutiges Ziel erhält, etwa »Neue Wege finden, um weniger arbeiten zu müssen«, können Missverständnisse und Fehlinterpretationen von Beginn an besser vermieden werden, und ebenfalls von Beginn steigt die Chance, dass sich die Identifikation des Einzelnen mit der Zielerreichung erhöht.

Nicht jede Führungskraft beherrscht es, Ziele in der passenden Sprache zu vermitteln. Gerade in Projekten, bei denen es auf geistige Arbeit und konstruktives Mitdenken ankommt, kann man niemanden zwingen, ad hoc geniale Einfälle für ein lösungsorientiertes Vorgehen zu haben oder perfekte Konzepte und Arbeiten zu verfassen. Je freier der Betreffende im Kopf ist, je weniger Probleme er zu wälzen hat, je weniger er spekulieren muss und je mehr er seine Aufmerksamkeit auf ein klares Ergebnis richten kann, desto größer ist die Chance, dass ihm frische, zielführende Gedanken kommen und er in der Folge daraus kluge Schlüsse zieht.

Der Leiter Organisationsentwicklung in einem internationalen Softwareunternehmen formulierte es im Interview so: »Fokussierung bedeutet auch, Maßnahmen nicht nach dem Gießkannenprinzip über die Organisation auszuschütten, sondern sehr spezifisch auf die relevanten Aspekte für jeden einzelnen Bereich einzugehen. Aus diesem Grund ist meine Rolle als Führungskraft häufig die eines Übersetzers, der den einzelnen Beteiligten an Alltagsbeispielen verdeutlicht, welche konkreten Ergebnisse von ihnen als Teil der übergeordneten Veränderungsziele erwartet werden.« Auch der Vorstandsvorsitzende eines großen Finanzdienstleisters bestätigte dies: »Das ist bei zentralen Anweisungsdiensten oder Handbüchern das Gefährliche. Da geht es nur noch um die Einhaltung starr definierter Normen und Prozesse und nicht mehr um Mitdenken und sinnvolles Tun.«

➡ Strategien dürfen nicht in der Schublade landen, sondern müssen die Akteure in der täglichen Arbeit zum Mitdenken und zu zielgerichtetem Handeln aktivieren.

Manche Führungskräfte handeln intuitiv richtig, doch die Kenntnis grundlegender kognitiver Abläufe ist auch für das Steuern von Change-Projekten ein entscheidender Kompetenzvorteil. Das menschliche Gehirn arbeitet nach bestimmten Prinzipien. Nur was bewusst wahrgenommen und in der eigenen Sprache wiederholt wird, wird auch dauerhaft verinnerlicht und ermöglicht eine Einstellungs- oder Verhaltensänderung. Und nur wer emotional ein Unternehmensziel zu seinem eigenen Ziel macht, wer sich dafür interessiert und innerlich den Beschluss fasst, sich dafür einzusetzen, wird zum aktiven Protagonisten und Ergebnisumsetzer. Lippenbekenntnisse sind wirkungslos; es müssen emotionale, verinnerlichte Bekenntnisse für die Aufgabe und das Ziel sein.

Im zweiten Aktionsfeld zielgerichteten Wandels gilt es, die Arbeit des einzelnen Change-Akteurs immer wieder in die übergeordnete Zielsetzung einzuordnen, mit ihm gemeinsam seinen Beitrag zu klären und ihn aufzufordern, sich den individuellen Sinn seiner Mitwirkung vor Augen zu führen, den er für das Unternehmen, für sich und die Kunden bietet. Das verleiht ihm eine Rolle, eine Funktion, macht ihn zum Teilhaber und würdigt seinen individuellen Beitrag. Der Gesellschafter eines mittelständischen Weltmarktführers mit gut einer Milliarde Euro Umsatz fasste es wie folgt zusammen: »Das Wichtigste, um die Leute mitzunehmen, ist es, ihnen das Warum zu erklären. Was ist der Zweck des Ganzen? Und welches konkrete Ziel verfolgen wir? Man muss genau schauen, wen man braucht, wer entsprechende Erfahrungen, entsprechendes Wissen und möglicherweise gute Ideen hat. Wenn die Leute das Gefühl haben, gehört zu werden, dann stehen sie hinter der Veränderung, ganz egal ob ihre Vorschläge eins zu eins umgesetzt werden oder nicht. Das Wichtigste ist eine gute Vorbereitung.«

••• Konkrete Schritte, die zu nachhaltigen Ergebnissen führen

Neben der Lenkung von Aufmerksamkeit, der Vermittlung der angestrebten Ziele und der Herstellung eines Selbstbezugs zwischen Unternehmenszielen und individuell Wünschenswertem ist ein vierter Bestandteil ergebnisorientierter Initiierung und Führung von Change-Projekten die Fokussierung auf die konkret notwendigen nächsten

Schritte, also die praktische Umsetzung. Hier geht es darum, die anstehenden Veränderungen in sinnvollen, leicht verdaulichen Einheiten zu vermitteln und den Mitarbeitern das Gefühl der Überforderung zu nehmen, das sich schnell einstellt, wenn die zu bewältigenden Aufgaben und zu erreichenden Ziele sich wie ein großer, bedrohlicher, unbezwingbarer Berg vor ihnen auftürmen.

Dabei gilt: Je weniger über Change gesprochen wird, umso größer ist die Wahrscheinlichkeit für zielgerichteten Wandel und echten Fortschritt. Ein Topentscheider eines führenden Technologieunternehmens stellte in diesem Kontext im Interview heraus: »Das erfolgreichste Change-Projekt aus meiner Sicht war eine Neuausrichtung des Konzerns, die überhaupt nicht als Change-Programm proklamiert wurde. Es war ein einfacher Fünf-Punkte-Plan, der mit konkreten Entwicklungszielen hinterlegt war. Die Schritte zur Zielerreichung und die Ergebnisse wurden dann in Form eines einfachen Fortschrittsberichts kommuniziert.«

»Anstatt Projektstatusberichte zu schreiben und To-do-Listen abzuhaken, habe ich mich täglich gefragt: Mit welchen konkreten Schritten und Ergebnissen am heutigen Tag und in dieser Woche komme ich diesem Zielzustand näher? Das war mein Erfolgsgeheimnis.«

Dem Management kommt die zentrale Funktion bei der Vermittlung notwendiger Verhaltensänderungen zu, den Betroffenen, oder besser gesagt Beteiligten, in Veränderungsprojekten die Sicherheit zu geben, auf ihre eigenen Stärken zurückgreifen zu können und sie dennoch Schritt für Schritt herauszufordern. Selbstverständlich hat jeder Unternehmensleiter und jeder Manager dabei eine langfristige Agenda im Kopf. Es ist jedoch effektiver und mental wirksamer, Mitarbeiter vor langfristigen Absichtserklärungen, Szenarien und Überlegungen zu verschonen und stattdessen vor allen Dingen die anstehenden nächsten Schritte nachvollziehbar zu vermitteln. Das gibt Sicherheit in der Veränderung und lenkt den Fokus auf Greifbares und Konkretes. Ein Verlagschef meinte dazu: »Nur wer versteht, wohin die Reise geht und warum, kann seinen Beitrag leisten. Dann ist Fortschritt nichts, was verordnet wird, sondern ein ständiges Streben begleitet durch die kollektive Akzeptanz, dass in einem dynamischen Umfeld nichts perfekt und für die Ewigkeit ist.« Der Vorstand eines Fertigungsbetriebs drückte es ähnlich aus: »Die Leute wollen erfolgreich sein. Aber dazu müssen sie jeden Tag aufs Neue nachvollziehen können, wann das Projekt erfolgreich ist und worauf es als Nächstes ankommt.« Je klarer und konkreter die anstehenden Schritte definiert werden und je nüchterner und ehrlicher die Prognose zu den damit verbundenen Herausforderungen, Einschnitten und Maßnahmen ausfällt, desto positiver sind die Resonanz und der Grad der Kooperation.

Neue Begriffswelten für mehr Kooperation und Partizipation

Für das Überleben eines Mittelständlers wäre es nötig, die Systeme an vier Produktionsstandorten zu harmonisieren, effizienter zu machen, radikal zu verschlanken und zu modularisieren. Das Problem dabei: Es gab zu diesem Zweck bereits vier Anläufe – und alle scheiterten. Allein das Wort »Lean Management« erzeugte zwischenzeitlich Panik in der Belegschaft; Effizienzsteigerung wurde mit Arbeitsplatzabbau gleichgesetzt; eine Harmonisierung der Produktionssysteme wurde von den Geschäftsführern der Produktionsstandorte als massive Einflussnahme in ihren jeweiligen Machtbereichen missverstanden; und rationale Argumente führten nur zu vorgetäuschter Selbstverpflichtung.

Die Umsetzung von Change-Initiativen zur Harmonisierung und Verbesserung der Produktionsstandorte scheiterte Jahr um Jahr. Nie war es den Verantwortlichen gelungen, die Notwendigkeit der Veränderung in einen übergreifenden Zusammenhang einzubetten, der nicht versucht, streng rational der Logik der Zahlen zu folgen, sondern ein als sinnvoll und sympathisch erlebbares Leitbild und die dazugehörigen Zielsetzungen entstehen lässt.

Nun wird ein neues Change-Programm gestartet und – angelehnt an die schwäbische Herkunft des Unternehmens – unter das Motto »Schwäbische Kehrwoche« gestellt. Schnell verändern sich die Dinge, die Blockadehaltung weicht. Mit dem neuen Programm werden die mit dem Motto verbundenen Werte, wie die gemeinschaftliche Anstrengung oder die klare Ergebnisorientierung, sowie die Begriffswelten und Symbole auf das Unternehmen übertragen: »Jeder kehrt vor seiner eigenen Tür – also dem Standort, dem Bereich oder der Abteilung.« Auch suggeriert der Name, dass jeder Betroffene die Möglichkeit hat, sich vor unangenehmem und überflüssigem Ballast und Schmutz in seinem Arbeitsumfeld zu befreien. Die Einführung eines standortübergreifenden »Kehrplans«, also eines übergreifenden Ergebnisplans, gehört ebenso dazu wie ein Incentivierungssystem, das spielerisch Vorschläge honoriert, wie man Prozesse »säubern«, also entschlacken kann, und im späteren Verlauf

sollen sogenannte Kehrpunkte zwischen den Produktionsstandorten einen positiven Ideenwettbewerb fördern.
Durch die zahlreichen kleinen Erfolge, die als Best-
Practice-Beispiele in der Organisation kommuniziert
werden, wird der Fortschritt zusätzlich beschleunigt.

Es ist sinnvoller, Ziele abschnittsweise zu beschließen und zu kommunizieren, weil die Change-Akteure auf diese Weise eine anschauliche
Vorstellung von ihrem eigenen Beitrag zum Erfolg bekommen und
sofort aktiv werden können, um das nächste Ergebnis zu realisieren.
Dies fördert zum einen das konstruktive und konzentrierte Vorgehen
und stärkt zum anderen das Selbstwerterleben. Außerdem kann das
Management so die Rückmeldungen, Erfahrungen und mögliche neue
Erkenntnisse direkt in die nächste Fortschrittsphase einfließen lassen
und bei der Formulierung der nächsten Ergebnisziele berücksichtigen. Nach unserer Erfahrung sollte es bei Veränderungsprojekten alle
ein bis höchstens drei Monate zu einer systematischen Kontrolle kommen, bei der sich die Beteiligten bewusst machen, was sie während
der vergangenen Etappe ausprobiert haben, was dabei gut gelungen
ist, wo sich neue Optimierungsmöglichkeiten aufgetan haben und
welches die nächsten sinnvollen Schritte sind.

Der Geschäftsführer eines innovativen mittelständischen Start-
ups hat folgendes, auf den ersten Blick ungewohnt anmutendes Vorgehen beschrieben: »Vor wichtigen Projekten sitze ich mit allen Team-
mitgliedern zusammen, um gemeinsam folgende Fragen zu klären:
Was soll nach dem Projekt wirklich besser sein als heute? Wenn wir in
einem halben Jahr das Projekt erfolgreich realisiert haben, was ist dann
konkret passiert? Wie reagieren unsere Mitarbeiter darauf? Was sagen
unsere Kunden? Wie verhalten wir uns im Team? Wenn das geklärt
ist, beantworten wir gemeinsam diese Fragen: Was haben wir rück-

blickend wohl in diesem halben Jahr getan, um genau die Reaktionen bei unseren Kunden, Mitarbeitern und bei uns im Team zu bewirken? Was ist unmittelbar vor dem erfolgreichen Projektende passiert? Was musste getan werden, um dahin zu kommen, und wie haben wir das Projekt so aufgesetzt, dass all diese Schritte möglich wurden? Diese antizipative Übung dauert keine Stunde – und am Ende kennen wir das Projektziel (Was ist in einem halben Jahr konkret passiert?) und die nächsten Schritte (Was haben wir in dem halben Jahr getan?).« Ein elementarer Punkt dabei ist aber auch die Akzeptanz, dass gute Ergebnisse manchmal mehr Zeit brauchen. Der Vertriebschef eines IT-Unternehmens sagte uns dazu im Interview: »Change hat für mich immer das Problem, festgefahrene Strukturen zu überwinden. Das erzeugt zwangsläufig Widerstände. Meine Erfahrung in mehr als 30 Berufsjahren: Wir brauchen immer mehr Zeit, als wir uns das am Anfang eingestehen möchten beziehungsweise als leider häufig aus politischen Gründen opportun ist.«

Unsere Beratungserfahrung zeigt, dass Change-Initiativen überall dort signifikant schneller und mit weniger Reibungsverlusten gelingen, wo man sich die Mühe gemacht hat, den Mitarbeitern in jedem Bereich – sei es Einkauf, Verkauf, Marketing, Produktion, Logistik, Kundenservice oder Verwaltung – ganz konkret zu sagen, was ein Veränderungsprozess an ihrem Arbeitsplatz für ihre täglichen Aufgaben bedeuten wird. Je mehr Change mit unspezifischen, generellen Ankündigungen und Appellen verbunden ist, umso mehr verpufft er. Der Marketingleiter eines internationalen Lebensmittelkonzerns betonte uns gegenüber: »Unsere Leute wollen wissen: Was bedeutet das für mich? Woran merke ich, dass ich erfolgreich bin? Woran merkt es mein Vorgesetzter?«

Change-Manager benötigen demnach die Kompetenz, fokussiert und anschaulich zu beschreiben, was konkret für die einzelnen Adressaten den Zustand nach der gewünschten Veränderung vom Zustand vor der gewünschten Veränderung unterscheidet. Auf welche Schlüsselsituationen kommt es an? Wie können sie ihr Verhalten so verändern, dass sie wirkungsvoller handeln? Woran genau erkennen sie ihren Erfolg? Wenn Change-Akteure ein neues System nutzen oder einen neuen Prozess im beruflichen Alltag umsetzen sollen, ist es wichtig, mit ihnen Verhaltens- und Aktionsziele zu vereinbaren: konkrete Ergebnisse und spürbare Verbesserungen, die sie mit der neuen Verhaltensweise erreichen wollen und deren Eintritt sie selbst messen können.

Die Fokussierung auf konkrete Ergebnisse, die auf die Verwirklichung des übergeordneten Ziels einzahlen, wird möglich,

- … wenn die Mitarbeiter in kurzen Abständen motiviert werden, sich das übergeordnete Ziel und ihren individuellen Beitrag dazu ins Bewusstsein zu rufen. Dies sollte mindestens ein wöchentliches Ritual sein, um den sehr limitierten Arbeitsspeicher des Bewusstseins immer wieder auf das Wesentliche auszurichten.
- … wenn die Mitarbeiter vor allzu langfristigen Szenarien verschont bleiben und das Management maximal im Halbjahreszeitraum, besser noch monats- oder quartalsweise, konkrete Zwischenziele und Ergebnisse aushandelt, die in diesem bestimmten Zeitfenster realisiert werden können. Projektpläne über längere Zeiträume verwirren und lähmen die geistige Leistungsfähigkeit bei der konkreten Umsetzung von Projekten.
- … wenn Zutrauen in die Menschen besteht, die man um die Umsetzung eines Projekts oder die Annahme neuer Verhaltensweisen bittet, und man ehrlich darauf vertraut, dass sie in der Lage sind, ihren Beitrag zum Erfolg eigenverantwortlich und selbstbestimmt zu leisten.

- … wenn nicht Antworten vorgegeben werden, sondern die Führungskräfte die richtigen Fragen stellen, die den Einzelnen motivieren, einen Sinnzusammenhang zwischen seiner Aufgabe und seinen persönlichen Zielen und Werten herzustellen.
- … wenn die Führungskräfte aufmerksam zuhören können, etwa wie die Akteure sich das nächste konkrete Ergebnis und ihren Beitrag dazu vorstellen, und darauf achten, dass Aufgaben und Rollen im Vorfeld geklärt und möglichst klar abgegrenzt sind.

Folgende Schlüsselfragen sollten vor Beginn der Umsetzungsarbeit im Rahmen von Change-Projekten beantwortet werden; sie helfen, ein Maximum an Aufmerksamkeit auf konstruktive Ergebnisziele zu richten, alle Beteiligten mental zu aktivieren und eine Bündelung der vorhandenen Kräfte auf den angestrebten Zielzustand zu gewährleisten:

- Welchen Nutzen soll das Veränderungsprojekt für einzelne Interessengruppen konkret schaffen?
- Was konkret ist nach dem nächsten Zwischenschritt besser als heute? Wer profitiert davon? Was ist daran erstrebenswert und welche Kriterien soll das Ergebnis auf jeden Fall erfüllen? Was wird der Kunde erleben, sagen und fühlen, wenn das Ergebnis realisiert wurde?
- Wer muss welchen Beitrag leisten, um das Ergebnis Wirklichkeit werden zu lassen? Welchen persönlichen Nutzen haben die Personen, die das Ergebnis realisieren, von ihren Bemühungen?
- Welche Ressourcen müssen in welcher Reihenfolge und Dosierung eingesetzt werden? Sind sie realistisch vorhanden? Wie sieht, zurückgerechnet vom Zielzustand, der kritische zeitliche Pfad aus?
- Woran kann das Vorhaben scheitern? Welches sind die Schlüsselsituationen im Arbeitsalltag, in denen sich das Verhalten der Ak-

teure verändern muss, um das anvisierte Ziel zu verwirklichen? Bei welchen auslösenden Ereignissen müssen sie künftig anders handeln als bisher? Welche inneren Grenzen müssen sie dazu überwinden – und was hilft ihnen dabei?

- Was empfinden die Beteiligten, wenn sie an das Projektziel und den Weg dorthin denken? Wo fühlen sie sich noch unsicher? Welche emotionalen Punkte sollten unbedingt offen angesprochen und gelöst werden?
- Steht das Topmanagement gemeinsam und mit einer Stimme hinter dem Entschluss, das Projekt umzusetzen?

Generell gilt: Nur wer sich selbst wirkungsvoll führen kann, ist in der Lage, andere zu führen. Unsere Interviews legen nahe, dass gerade das Topmanagement und die Führungskräfte als Leitfiguren in einem Unternehmen durch ihr tägliches Verhalten die entscheidenden Normen setzen, die Innovation und damit zielgerichteten Wandel und echten Fortschritt ermöglichen oder verhindern. Es ist nahezu undenkbar, dass substanzielle und kulturelle Change-Prozesse funktionieren, ohne dass die Führung sich ihrer Vorbildfunktion bewusst ist, aktiv lernt und sich verändert. Ein Interviewpartner zitierte in diesem Zusammenhang den Dalai Lama: »Bewerte deine Erfolge daran, was du aufgeben musstest, um sie zu erzielen.«

Was Change-Initiativen beflügelt

- **Change ja, aber nur mit Sinn und Verstand:** Es geht nicht um Veränderung nur um der Veränderung willen. Sondern es geht darum, gemeinsame Ziele zu erreichen, die alle verinnerlicht haben.

- **Identifikation des Einzelnen:** Jeder an einem Veränderungsprozess Beteiligte muss einen Selbstbezug zwischen den Unternehmenszielen und seinen persönlichen Zielen und Prinzipien herstellen können.

- **Konzentration bewahren:** Aufmerksamkeit ist vielleicht die knappste Ressource in Veränderungsprozessen. Sie muss von der Führungsebene gezielt gesteuert werden, damit alle dauerhaft am Ball bleiben.

- **Schritt für Schritt vorangehen:** Es ist wichtig, den Fokus auf die Festlegung konkreter Zwischenschritte zu legen, die für alle Beteiligten umsetzbar sind und nicht bedrohlich wirken.

DER MACHER UND SEINE ROLLE IM VERÄNDERUNGSPROZESS

Während der Change-Typ des Sinnstifters im Zusammenhang mit dem ersten Aktionsfeld wichtig ist und die Organisation als Ganzes mit einem Zielbild und einer Vision inspiriert, spielt für das zweite Aktionsfeld zielgerichteten Wandels und damit für das Gelingen von Change-Prozessen der Change-Typ des Machers eine wichtige Rolle. Dem Macher geht es darum, im direkten Kontakt mit den Menschen und Teams erstrebenswerte Zielzustände in konkrete nächste Schritte und Ergebnisse zu übersetzen und deren Verwirklichung sicherzustellen.

Seine persönliche Motivation zieht der Macher mehr aus konkreten, sichtbaren Ergebnissen als aus ideellen Diskursen und Leitbilddiskussionen. Er ist bereit, sich jeden Tag auf neue Herausforderungen einzustellen, aber auch neue Chancen für Abkürzungen zu erkennen.

Er will verwirklichen, was er sich vornimmt, und dabei allen Herausforderungen und Überraschungen trotzen. Regelmäßig führt er sich die gesteckten Ziele des Change-Projekts vor Augen und überlegt sich dann darauf Bezug nehmend: »Mit welchen konkreten Ergebnissen können mein Team und ich heute und in nächster Zeit zur Verwirklichung der vereinbarten Ziele beitragen? Welches ist der nächste sinnvolle Schritt?«

Manchmal bezeichnet der Macher sich selbst als Pragmatiker. Er mag es, Schritt für Schritt auf etwas hinzuarbeiten, Entscheidungen zu treffen, entschlossen zu handeln und Dinge auszuprobieren. Er experimentiert gerne und gleicht die Wirkung einer Aktion mit den Erwartungen ab. Daraus zieht er mit seinen Vertrauten die entscheidenden Schlüsse für das weitere Vorgehen. Er liebt weniger das große Publikum als die intensive Arbeit in kleinen Teams.

➤ Macher sind Menschen, die die Unternehmensstrategie in erstrebenswerte Ziele für alle Change-Akteure übersetzen können.

Der Macher beherrscht vor allem eine Kunst: die Unternehmensstrategie in erstrebenswerte Zwischenziele für andere zu übersetzen, und zwar für Mitarbeiter, für Investoren, aber auch für Kunden. Denn ihm ist immer bewusst: Ein gut verkauftes Angebot weckt im Kopf des Kunden die Vorstellung von einem erstrebenswerten Zustand, den er mit der angebotenen Leistung verbindet. Genauso motiviert der Macher Mitarbeiter, indem er ihnen immer wieder schildert, wie sie eine aktuelle Herausforderung nutzen können, um sich persönlich zu entwickeln, wichtige Erfahrungen zu sammeln, Anerkennung zu erreichen oder anderen zu helfen. Dabei ist er jemand, der wenige Worte braucht, um zu kommunizieren. Nichtsdestotrotz schafft er durch sein eigenes Tun und Handeln ein tieferes Verständnis für die Aufgabe. Durch kluge Fragen und Hinweise stellt er einen Selbstbezug zwischen den persönlichen Zielen und den Zielen der Organisation her und weckt in allen Akteuren die Überzeugung, dass sich ihre Situation gegenüber dem Status quo verbessern wird, wenn sie sich für das gemeinsame Ziel einsetzen und dabei ihr Bestes geben.

Damit dies gelingen kann, bricht der Macher das gemeinsame Leitbild in kurzfristig erreichbare Zwischenziele herunter und delegiert sinnvoll die Realisierung konkreter Ergebnisse, die dann Schritt für Schritt verwirklicht werden. Vertrauen und Zuverlässigkeit sind ihm dabei extrem wichtig.

Der Macher kennt seine Bezugspersonen: Er weiß, was wem wichtig ist, was den Einzelnen motiviert und welche persönlichen Ideale der- oder diejenige verfolgt. Unklare Zielsetzungen und Interessenkonflikte sind wesentliche Gründe für das Scheitern von Change-Projekten. Deshalb investiert der Macher seine Energie in ein gemeinsames Verständnis des zu schaffenden Nutzens und der Ergebnisse. Wenn er noch Zweifel oder schwelende Konflikte spürt, spricht er diese Punkte offen und ehrlich an und sorgt für eine Lösung.

Gefühle sind das Ergebnis unterbewusster kognitiver Verarbeitungsprozesse und haben daher einen hohen Informationswert – man muss sie nur »lesen« können. Und genau das gelingt dem Macher sehr gut, da er ein aufmerksamer Beobachter ist und stets den emotionalen Zustand der anderen im Blick hat. Zudem arbeitet er aktiv daran, dass sich im Idealfall bei allen Beteiligten positive Emotionen wie Zuversicht, Vorfreude und Neugier einstellen, wenn sie an das vereinbarte Zwischenergebnis denken. Denn nur auf diese Weise kann es zu einem persönlichen Ziel des Einzelnen werden, und nur dann wird jeder einzelne Akteur seine zur Verfügung stehende Energie maximal einsetzen, um dieses Ziel zu erreichen. Selbst bei schwierigen Aufgaben, die aus Leidensdruck verfolgt werden, überlegt der Macher im offenen Austausch mit seiner Bezugsperson, welchen positiven Aspekt die Verwirklichung dieses Ergebnisses für sie persönlich hat, selbst wenn sie zunächst problematisch erscheint. Der Macher verfügt über ein hohes Maß an situativer Intelligenz. Er akzeptiert, dass es keine Blaupausen für bestimmte Situationen gibt, dass jede neue Situation wieder spezifische Elemente und Verhaltenstrigger mit sich bringt, die aufgegriffen werden sollten. Wird im Rahmen einer Change-Initiative beispielsweise ein Aufgabenbereich aufgelöst, zeigt der Macher den Betroffenen eine andere vielversprechende berufliche Perspektive auf und unterstützt dabei, die Chancen eines Neuanfangs im Unternehmen oder außerhalb zu erkennen und zu ergreifen.

Der Macher bricht das gemeinsame Leitbild in kurzfristig erreichbare Zwischenziele herunter und delegiert sinnvoll die Realisierung konkreter Ergebnisse, die dann Schritt für Schritt verwirklicht werden.

Der Macher fokussiert das Denken in Meetings auf konstruktive Schritte und den Nutzenaspekt für das Change-Projekt an sich und für die Menschen, die es umsetzen sollen. Er vermeidet dabei blinden Aktionismus und stures, unreflektiertes Abarbeiten von To-do-Listen, denn er weiß: Jede zielorientierte Aufgabe erfordert vor allen Dingen Achtsamkeit und die Bereitschaft, neue Möglichkeiten, aber auch Risiken zu erkennen. Mit sturer Verfolgung eines einmal gefassten Plans ist zielorientiertes Handeln in einer dynamischen Welt hingegen unmöglich. Agilität und Flexibilität sind gefordert.

Was er zudem unterbindet, sind hypothetische Diskussionen über externe Faktoren, die außerhalb des eigenen Einflussbereichs liegen, denn er weiß, dass Diskussionen über »die Märkte«, »die Politik«, »die

Kunden« und »den Wandel« nur etwas bringen, wenn sie sofort in Maßnahmen mit konkretem Ergebnisbezug oder Erkenntnis über konkrete Aufgaben für deren Bewältigung münden, also beispielsweise die Absicherung gegen realistische Risiken. Vermeintliche Ziele, die vom unbeeinflussbaren Verhalten Dritter abhängen, sind für ihn keine Ziele im eigentlichen Sinn, weil sie nicht selbstverantwortlich realisiert werden können. Indem er die Aufmerksamkeit immer wieder auf den vorhandenen Wirkungsbereich lenkt, vermeidet er, dass die Akteure sich als fremdbestimmte Opfer fühlen, und richtet den Fokus auf diejenigen Aktivitäten, die sie eigenverantwortlich und aus eigener Kraft ausführen können.

Um große Ziele zu erreichen, muss man viele kleine Schritte tun. Statt sich Visionen auszudenken, denkt der Macher in sequenziellen Maßnahmen, Lernschritten und Nuancen neuen Verhaltens. Immer stellt der Macher sich dabei die Frage, was ihm hilft, das Ziel zu erreichen, und wie das nächste Ergebnis aussehen muss. Und das tut er nicht als theoretisches Ableitungsspiel, wie es so oft in der betrieblichen Realität stattfindet, sondern in Kenntnis derer, für die er das Projekt durchführt und die er mit dem Projekt zu Veränderungen bringen will. Dafür hat er ihre Sichtweisen exploriert, ihnen zugehört, seine Pläne an der Realität getestet und darauf ausgerichtet. So entstehen mit zunehmender Konkretisierung Teilziele, deren Auswirkungen auf das übergeordnete Ziel der Macher stets vor dem geistigen Auge hat. Ausgehend vom angestrebten Zielzustand fragt er sich und seine Mitstreiter dann: »Welche letzte Voraussetzung muss zwingend erfüllt sein, damit dieses Ziel erreicht werden kann? Und welche davor? Und davor?« So entwickelt er einen sinnvollen Pfad. Dabei lässt er seinem Team so viel Freiraum wie möglich, damit es diesen Pfad motiviert beschreitet und kreative Lösungen auf dem Weg zum Ziel entwickelt. Es gelingt dem Macher gut, das richtige Maß zwischen kreativem Freiraum und der Vermittlung von Dringlichkeit zu finden. Er weiß, dass Zeit- und Leistungsdruck das menschliche Denk- und Handlungsvermögen bei zu hoher Dosierung stark einschränken.

> **Für den Macher sind bis ins kleinste Detail ausgefeilte Pläne und Vorgaben, die sich über lange Zeiträume erstrecken, in erster Linie Fallstricke für den zielgerichteten Wandel.**

Unsicherheit ist allgegenwärtig. Das weiß gerade der Macher. Daher sind für ihn bis ins kleinste Detail ausgefeilte Pläne und Vorgaben, die sich über lange Zeiträume erstrecken, in erster Linie Fallstricke für den zielgerichteten Wandel und für den nachhaltigen Erfolg des Unternehmens. Und damit hat er recht. Es ist demzufolge essenziell, sich bietende Chancen zu nutzen, aber auch die damit einhergehenden Risiken und Unwägbarkeiten stets im Blick zu haben, statt sich der Illusion hinzugeben, man könne zu einem bestimmten Zeitpunkt sicher die Zukunft bis zum Projektende vorhersehen. Denn zu viele Unwägbarkeiten pflastern den Weg zum Ziel.

Der Macher verfällt nicht in Panik, wenn sich die Dinge anders entwickeln als ursprünglich geplant. Im Gegenteil: Neue Erkenntnisse und Notwendigkeiten sind für ihn das Salz in der Suppe. Er handelt dann entschlossen, wenn ein Projekt Gefahr läuft, nicht den gewünschten Nutzen im Sinne des Leitbilds zu erbringen.

Wichtig für das erfolgreiche Erreichen der gesteckten Zwischenziele und damit ein Vorwärtsschreiten auf dem Weg zum übergeordneten Ziel ist ein angstfreies Umfeld auf Augenhöhe, in dem alle Akteure alle Gedanken und Ideen, aber auch Sorgen und Nöte aussprechen können, die sie mit der aktuellen Aufgabe und der derzeitigen Lage verbinden. Das weiß auch der Macher, und darauf arbeitet er hin. Denn er versteht: Vorbehalte und Bedenken, die nicht ausgesprochen werden, zirkulieren weiter im Gehirn, binden die geistigen Kapazitäten, wirken wie unsichtbare Tretminen, verursachen Sorgen und innere Abwehr und legen so den Change-Prozess lahm.

Der Macher weiß zudem: Nur durch Versuch und Irrtum, durch Experimentieren und Ausprobieren entsteht für ein Unternehmen fruchtbarer Fortschritt. Fehler gibt es in diesem Zusammenhang nicht. Dazu ist es notwendig, mit dem theoretischen Ausfeilen bestimmter Ideen aufzuhören und in der Praxis zu testen, ob die Idee trägt: Bringt sie die Change-Initiative ihrem Ziel näher oder nicht? Stellt sich die erhoffte Wirkung ein oder nicht? Je schneller hierüber Klarheit herrscht, umso schneller können die betroffenen Akteure lernen und bessere Wege zum Ziel ausloten. Lohnt sich der Aufwand oder nicht? In der Folge kann die erzielte oder verfehlte Wirkung konkret und fallbezogen analysiert und das weitere Vorgehen entsprechend angepasst werden.

➡ Der Macher ist für die Etablierungsphase von Change-Projekten besonders wichtig.

Der Change-Typ des Machers ist für bestimmte Phasen von Change-Projekten besonders wichtig. Viele Change-Initiativen überleben allein die Start-up-Phase nicht, weil der Change-Typ des Sinnstifters, der maßgeblich in dieser ersten grundlegenden Phase eines Change-Projekts beteiligt ist, das Ruder nicht rechtzeitig aus der Hand gibt. Sinnstifter können dazu neigen, in langen Grundsatzdebatten über Sinn und Bedeutung eines Projekts zu diskutieren oder fiktive Szenarien zu erarbeiten. Ihnen fällt es schwer, ihre Vision in ganz operative – aus ihrer Sicht manchmal unspektakuläre – Zwischenschritte aufzuteilen. Sie tendieren dazu, bei der Umsetzung ihrer Visionen keine Kompromisse einzugehen und nach Perfektion zu suchen.

Das jedoch ist für den Übergang in die bereits früher beschriebene zweite Phase eines Change-Projekts, die Etablierungsphase, nicht zielführend. Denn jetzt, da alle Beteiligten an Bord sind, ist es essenziell, schnell durchzustarten – sonst kommt die Change-Initiative nicht vom Fleck. Die Transformation in die Etablierungsphase und diese selbst verlangen daher dringend den vollen Einsatz des Machers. Hier liegt die Priorität darauf, ein dynamisches Umfeld zu managen, sich jeden Tag aufs Neue zu fragen: »Was ist gerade am wichtigsten? Welche konkreten Ergebnisse helfen uns weiter?«

Da es in der Etablierungsphase eines Change-Projekts noch keine verlässlich arbeitenden neuen Strukturen und Prozesse gibt, sind in dieser Phase Improvisationstalent einerseits und Ergebnisorientierung andererseits gefragt. Der Macher hat nun die Aufgabe, konkrete realistische Zwischenziele zu setzen und die Mannschaft darauf einzuschwören, diese zu erreichen. Jeder im Team muss unterstützen und mit anpacken, wo Not am Mann ist. Trotz noch fehlender Routinen muss eine bestmögliche Qualität geliefert werden. In dieser Phase führt der Macher die Teammitglieder im Idealfall eng und fokussiert ihre Aufmerksamkeit immer wieder. Er motiviert die Mannschaft zu maximalem Einsatz, indem er das gemeinsame Zielbild des Unternehmens mit den persönlichen Zielen der Einzelnen in Einklang bringt.

Wie schon der Change-Typ des Sinnstifters hilft auch der Change-Typ des Machers dem Unternehmen beziehungsweise der umzusetzenden Change-Initiative nicht in allen Phasen ihres Lebenszyklus auf gleiche Weise. Und ebenso wie der Sinnstifter ist unsere Beschreibung dieses zweiten Change-Typs und der beiden weiteren Typen als Archetypus anzusehen, ein Bild also, dem kein Mensch in Gänze wirklich entspricht.

Dennoch gilt: Immer wenn es in einem Veränderungsprojekt darum geht, Zwischenziele zu definieren und zu kommunizieren, die Beteiligten einzuschwören, gemeinsam an einem Strang zu ziehen, und jeden Einzelnen zu motivieren, sein Bestes zu geben, um die gesteckten Ziele zu erreichen, brauchen Unternehmen den Change-Typ des Machers mit seinen speziellen Stärken und Eigenschaften.

In manchen Fällen ist es allerdings auch hilfreich, dass unterschiedliche Change-Typen zusammenarbeiten, ihre jeweiligen Stärken vereinen und so für ein Change-Projekt noch mehr Nutzen stiften als alleine, weil sie sich in bestimmten Phasen perfekt ergänzen. Wann dies der Fall sein kann, zeigt sich später auch im nächsten Kapitel zum dritten Aktionsfeld zielgerichteten Wandels.

● IDEEN GENERIEREN, INNOVATION ERMÖGLICHEN

Die ersten beiden Aktionsfelder zielgerichteten Wandels bilden eine zentrale Basis dafür, dass die Change-Akteure konstruktiv beginnen können, dem vereinbarten Change-Ziel durch einen schöpferischen Prozess aus dem Inneren der Organisation heraus näher zu kommen. Damit aber neue Ideen, richtungweisende Einfälle und vielversprechende Ansätze auch wirklich gedeihen können, braucht es ein weiteres Aktionsfeld. Denn hier steht die Schaffung eines Arbeitsumfelds im Vordergrund, das es ermöglicht, die kreative Energie der Change-Akteure zu mobilisieren. Ohne sie wird kein Change-Projekt gelingen.

●● WIE ES NICHT GEHT

Die Ausgangslage, das hat auch unsere Forschung gezeigt, ist klar: Für viele Unternehmen ist ein Arbeitsklima kennzeichnend, das Kreativität und Innovationskraft von Managern und Mitarbeiter eben nicht zu unterstützen vermag. Das hat auch Folgen für Change-Projekte. Sie scheitern in diesem Zusammenhang vor allem an vier Punkten.

●●● Top-down-Innovation statt kollektiver Intelligenz

In vielen Change-Initiativen werden Ideenreichtum und Innovations-freude bereits im Keim erstickt, etwa wenn Führungskräfte wie Mitarbeiter den Sinn und Zweck eines Veränderungsvorhabens von Anfang an nicht nachvollziehen können. Ist die Motivation nicht klar, macht das alle Beteiligen früh im Projektverlauf mürbe, und in der Folge werden nur noch To-do-Liste abgearbeitet. In einem solchen Fall sind alle Beteiligten von Beginn an frustriert, weil sie Bedeutung und Tragweite der geforderten Veränderung nicht verstehen. Sie fixieren sich in der Folge auf bestehende Routinen und Aufgaben und/oder bleiben tief in fruchtlosen Konstrukten stecken, erkennbar etwa an vermeintlich unantastbaren, in Wirklichkeit aber unrealistischen Change-Projektzeitplänen und -Konzepten.

Was, wie bereits gezeigt, für die Vermittlung einer gemeinsam als sinnvoll erlebten Bedeutung eines Change-Projekts und eindeutige Zielsetzungen gilt, gilt dabei ebenso für die Ermöglichung schöpferi-scher Prozesse: Wird Partizipation lediglich vorgegaukelt und findet kein aufrichtiger und reger Austausch statt, fühlen sich die Beteiligten nicht miteinbezogen oder gar betrogen. Als einen wichtigen Hinderungsgrund für wirksamen Wandel haben wir im Laufe unserer Forschungen und Beratungen daher nicht zufällig Versuche identifiziert, Innovationen *top-down* auf den Weg zu bringen. Die Problematik dieser Versuche, Unternehmen im Allgemeinen oder Change-Projekten im Besonderen quasi von oben Kreativität und Innovation »beizubringen«, besteht in der Regel darin, dass die Mitarbeiter erst dann nach ihren Gedanken, Meinungen, Vorschlägen und Ideen gefragt werden, wenn die wesentlichen Richtlinienentscheidungen bereits getroffen wurden und das strategische Konzept für ein Change-Projekt steht. Das aber ist kaum zielführend.

Denn diese Form der Pseudopartizipation bringt, wie an anderer Stelle ausgeführt, Widerstände hervor und lässt die spezifische Ausgangssituation und die geistigen Potenziale im Unternehmen völlig außer Acht. Werden diejenigen, die am meisten von einem Projekt betroffen sind und die gleichzeitig am dringendsten gebraucht werden, um das Vorhaben erfolgreich in die Tat umzusetzen, nicht ernsthaft miteinbezogen, steigt die Wahrscheinlichkeit, dass sie bewusst oder unbewusst ein Gelingen des Projekts behindern. Sie verlegen sich auf Dienst nach Vorschrift, es wird nicht mehr mitgedacht, sondern man zieht sich – als Ausdruck des inneren Protests – auf bestehende Stellen- und Prozessbeschreibungen zurück. Oder sie bleiben im unproduktiven Diskussionsmodus stecken. Das zeigt sich dann etwa am Brodeln der Gerüchteküche und dass alle darüber reden, *was* anders werden und *wer* sich ändern müsste. Da sich die Diskussion ausschließlich um den Wandel selbst dreht, kann dieser nicht stattfinden – zumindest nicht in zielgerichteter Form, die fruchtbar für das Unternehmen wäre.

Die Folge solcher Konstellationen sind kollektiver Stress, Unruhe und Hektik, die keine Freiräume für Kreativität und schöpferisches Denken erlauben. Stattdessen wird die Aufmerksamkeit der Change-Akteure aufgefressen. Für einen dynamisch gestalteten Veränderungsprozess fehlt ihnen daher die nötige Energie.

●●● Mitarbeiter ausbremsen statt zu befähigen

Eine Variante scheiternder Top-down-Innovationen ist diese: Anstatt für ihre Mitarbeiter einen Rahmen für kreatives Arbeiten zu schaffen, sehen viele Führungskräfte – selbst wenn Top-down-Innovationen nicht »verordnet« werden – es als ihre Aufgabe an, neue Change-Projektideen komplett in Eigenregie zu entwickeln. Natürlich liegt es im

Ermessen des Topmanagements, neue Wege einzuschlagen und strategische Stoßrichtungen vorzugeben. Dabei ist jedoch nicht verboten, das Wissen und die Ressourcen der gesamten Organisation miteinzubeziehen und Mitarbeiter unterschiedlicher Hierarchieebenen um Einschätzungen zu bitten. So werden fachlich versierte Mitarbeiter nicht entmündigt, die andernfalls nur »lernen«, dass nicht Mitdenken, sondern die möglichst widerspruchslose Umsetzung von Vorgaben von ihnen erwartet wird.

Gerade Experten identifizieren sich mit ihrem Erfahrungswissen. Es ist elementarer Teil ihres persönlichen Selbstverständnisses und eine wichtige Säule ihres Selbstwertes. Fühlen sich diese Fachleute nicht wertgeschätzt und gefragt, leidet ihre Motivation, eigene Gedanken und Ideen einzubringen, weil durch das Ausbleiben von positiver Rückmeldung oder aktiver Einbeziehung deutlich wird, dass dafür nicht mit Anerkennung seitens des Managements zu rechnen ist. So richten sie ihre Aufmerksamkeit ausschließlich darauf, es ihrem Vorgesetzten recht zu machen oder stummen Widerstand zu leisten, statt ihre Stärken und Potenziale im Sinne des zielgerichteten Wandels einzubringen.

Nach unseren Untersuchungen gibt es beim Start von Change-Initiativen in der Regel zwei mögliche Konstellationen: Entweder haben die Führungskräfte für ihren Bereich klare Ideen, wissen also genau, was zu tun ist und wohin – zumindest ihrer Meinung nach – die Reise gehen soll. Oder aber sie haben keine wirkliche Vorstellung davon, wie das Change-Projekt erfolgreich durchgeführt werden könnte. Beides kann, wie wir im Folgenden genauer ausführen werden, den Todesstoß für ein Veränderungsvorhaben bedeuten, auch wenn es lange keiner wahrhaben will.

Im ersten Fall pocht das Management – mehr oder weniger offensichtlich – auf die Umsetzung seiner im engen Zirkel »Eingeweihter«

entwickelten Ideen und Lösungswege, ohne die Mitarbeiter frühzeitig einzubeziehen oder deren Vorschläge abzufragen. Meinungen und Kritik sind unerwünscht und werden im Keim erstickt. Hinzu kommt, dass solche Alleingänge des Managements oft zu unausgegorenen Ideen führen, weil dem Management nicht selten die nötige Fachkompetenz und/oder das Verständnis für tiefere Zusammenhänge für das Gelingen von Change-Projekten fehlen. Die Folge ist dann ein stagnierendes oder gar scheiterndes Change-Projekt, von dem Manager oft unter Kollegen darüber schimpfen, ihr Team arbeite »uninspiriert«, die Leute seien unselbständig, man müsse sich daher »mal wieder« um alles selbst kümmern.

Da hilft es auch nicht, dass sich Mitarbeiter, um zumindest den Schein von Partizipation zu wahren, im Meeting oder Workshop zu den präsentierten Ideen und Entscheidungsvorlagen äußern dürfen. Denn um echtes, wertgeschätztes Feedback, das auch Dinge noch ändern kann, geht es in den seltensten Fällen.[9] Dass sich vernunftbegabte Menschen mit Emotionen in dieser Situation bevormundet fühlen müssen, liegt – eigentlich – auf der Hand. In jedem Fall halten sich die Mitarbeiter in der Folge mit ihrem Engagement zurück, ihr kreatives Potenzial einzubringen. Denn Kreativität ist immer eine mentale Anstrengung und braucht daher ein Umfeld, das ungewöhnliche oder nicht konforme Denkweisen begrüßt.

Wichtige Ergänzung: Es gibt seltene Fälle, in denen anders vorgegangen werden muss. Bei harten Restrukturierungsprojekten etwa, die zu einschneidenden Veränderungen und womöglich zahlreichen Entlassungen führen, ist es nicht sinnvoll, von Beginn an die Mitarbeiter einzubeziehen. Die Gefahr ist zu groß, dass diese selbst um ihren Arbeitsplatz fürchten und Informationen durchsickern, wo sie noch nicht durchsickern sollten. Geschieht das aber, dann sind es oft die Leistungsträger, die das vermeintlich sinkende Schiff mit nun weniger großen Chancen für sie verlassen, während die verbleibenden, oft eher mittelmäßigen Mitarbeiter gelähmt sind vor Unsicherheit.

Im zweiten Fall sind eher die Perspektivlosigkeit und fehlende Führungsstärke die Hindernisse für zielgerichteten Wandel und echten Fortschritt. Hier haben die Manager keinerlei Vorstellung über den wirklichen Beweggrund und den angemessenen Ablauf der geplanten Change-Initiative, auch wenn sie dies natürlich nie zugeben würden, denn Schwäche darf eine Führungskraft ihrer Auffassung nach niemals zeigen. Von Ängsten, insbesondere Versagensängsten geplagt, sorgen sie sich darum, durch eine Fehlentscheidung im Rahmen des Change-Vorhabens ihren guten Ruf einzubüßen. Nach außen hin verbergen sie dabei ihre inneren Konflikte, verkünden im Brustton der Überzeugung diffuse und widersprüchliche Vorgaben, ändern laufend die Prioritäten und betrachten jeden gut gemeinten Vorschlag »von unten« als einen Versuch, ihre Autorität zu hinterfragen. Da in der Folge Projektstillstand herrscht und keine Ergebnisse erzielt werden, setzen die Manager nicht selten auf die Expertise externer Berater oder Coaches, um zu klären, warum die Organisation nicht in der Lage ist, zielgerichteten Wandel erfolgreich zu gestalten.

Bei näherer Betrachtung erweist sich dieses Verhalten allerdings als Verzögerungs- und Verschleierungstaktik. Denn auf diese Weise verschiebt sich der Fokus der ohnehin begrenzten Aufmerksamkeit der Change-Akteure auf die vonseiten des Managements verordneten »Therapiesitzungen« mit dem externen Berater, und es wird systematisch davon abgelenkt, woran es eigentlich fehlt: an Klarheit und Change-Kompetenz des Managements.

»Es ist frustrierend. Ich wache sprichwörtlich mit einer Idee auf, die einen echten Unterschied machen würde, berichte davon meinem Leitungsgremium und höre dann gefühlt 1000 Vorwände, warum es nicht geht. Klar versuche ich dann trotzdem, meine Idee durchzusetzen, aber sie wird im Getriebe des Systems zerstört.«

●●● Eigennutz und Silodenken statt offenen Ideenaustauschs

Ein weiteres Problem geht, wie wir feststellten, auf ein eher mechanistisches Menschenbild zurück, wie es einige unserer Interviewpartner beschrieben oder zeigten, das sich hemmend auf die Veränderungsfähigkeit von Unternehmen auswirkt.

Mechanistisch meint dabei, dass offenbar viele Manager ihre Mitarbeiter lediglich als Rädchen in einem komplexen Getriebe sehen, an denen man »schrauben« kann und muss, um eine bestimmte Wirkung zu erzielen. Ist ein solches Denken in einem Unternehmen vorherrschend, so ist zielgerichteter Wandel kaum mehr möglich. Denn die Führungsebene hat kein echtes Zutrauen in das Wissen und die Erfahrung ihrer Mitarbeiter, komplexe Situationen eigenständig und mit zuvor womöglich nicht bekannten Lösungen auszuprobieren. Sie werden lediglich als Ausführungsgehilfen betrachtet, und in der Folge fehlt die Wertschätzung für Ideen und Vorschläge, die vonseiten der Belegschaft an das Topmanagement herangetragen werden.

Es ist nicht die Einstellung des vermeintlich Klügeren, der gleichsam von oben auf die Dinge und die Menschen herabschaut, die langfristig zu effektivem Handeln in Change-Projekten führt, sondern das Selbstverständnis, dass jeder Mensch mal Lernender und mal Lehrer ist, und in vielen Situationen beides zugleich. Eine mechanistische

Kultur des Denkens und Managens »von oben herab« führt, wie auch unsere Forschungen belegen,[10] oft zum Scheitern von Change-Initiativen. Sie blockiert Ideen und Innovationsfreude.

Wenn Expertise und Erfahrung nicht zählen

In einem geplanten Change-Projekt soll es um die Verbesserung der Kundenorientierung gehen. Der Vorstandssprecher setzt sich zu diesem Zweck mit einer etablierten Strategieberatung zusammen. Nach dem Briefing wertet das Beratungsunternehmen Studien aus, liefert Grafiken und Flussdiagramme und präsentiert Wege, wie die Organisation kundenorientierter werden könnte.
Der Vertriebsvorstand schlägt zusätzlich eine Gruppendiskussion mit den besten Vertriebsmitarbeitern in einem geschützten Rahmen vor, also ohne Vorgesetzte und Hierarchien, die mit professioneller Unterstützung eines Marktforschungsinstituts durchgeführt wird. Die auf diese Weise eingesammelten Vorschläge der Vertriebsprofis sind sehr konkret und betreffen zum Großteil die Verständlichkeit der Produkte und die Abläufe aus Sicht der Kunden. Sie verorten den Handlungsbedarf auf einer ganz anderen Ebene, als dies die Strategieberatung tut.
Als jedoch die Ergebnisse der Gruppendiskussion mit den externen Beratern im Vorstandskreis besprochen werden, ist man sich dort schnell einig. »Der Vertrieb ist nicht wirklich willens, sich ein bisschen anzustrengen, die wollen die Probleme wieder mal an uns zurückdelegieren und sich ein bequemes Leben machen.« Die Folge: Nicht ein

einziger Vorschlag der Vertriebsmitarbeiter findet sich in der Folge in der Abschlusspräsentation wieder.

Die jahrelangen Erfahrungen der Vertriebskollegen, ihr enger Kontakt mit den Kunden und ihr umfangreiches Wissen über deren Bedürfnisse, Wünsche und Probleme – all das zählt offenbar nicht. Die Ergebnisse der Befragung der Vertriebsprofis passen nicht zu dem, was sich das Vorstandsgremium zuvor als beste Lösung vorgestellt hat. Die Konzepte der externen Berater erhalten gegenüber dem Wissen und der Erfahrung der eigenen Experten den Vorzug. Mit mehr Kontrolle und zentralen Vorgaben soll der Vertrieb nun zu mehr Aktivität getrieben werden. Tatsächlich steigen die Vertriebszahlen für eine kurze Zeit, dann aber sinken sie dauerhaft unter das Niveau vor der beschlossenen Initiative.

»Ich spüre immer wieder bei Mitarbeitern Vorbehalte, mit ihren Ideen rauszurücken, weil sie offenbar damit rechnen, dass ihre Impulse und Anregungen für sie mit negativen Konsequenzen verbunden sind.«

Ein internationaler Marketingleiter aus der Finanzbranche brachte in seiner Schilderung die systematische Zerstörung von Ideenreichtum und Motivation illustrativ – und im Verbund mit einigen anderen Besonderheiten, die wir in unseren Befragungen immer wieder bestätigt fanden – auf den Punkt: »Wer bei uns als Mitarbeiter eine gute Idee hat, muss schon verrückt sein, sie zu offenbaren. Kommt jemand mit einem neuen Vorschlag, muss er zunächst Präsentationen erstellen, sich mit unzähligen internen Abteilungen abstimmen, die argwöhnisch darauf achten, dass er ihnen nicht in die Parade fährt, und jeder fühlt sich berufen, an der Idee herumzudoktern, und verlangt Änderungen. Fast muss man sich noch dafür rechtfertigen, eine Idee entwickelt zu haben! Nach quälend langen Vorstudien verlangt dann das Controlling einen detaillierten Businessplan, der dem Ideengeber massiv Überstunden beschert. Und im unwahrscheinlichen Fall, dass die Idee überlebt, stellt sich sein Chef hin und präsentiert sie auch noch als seine eigene! Der Ideengeber wird dann zum Projektleiter ernannt, der zwischen politischen Spielen und Kompetenzgerangel aufgerieben wird.« Bei zahllosen Change-Initiativen zeigt sich dabei folgendes Bild:

- Es wird fast ausschließlich in Organisationsstrukturen und Zuständigkeiten gedacht.
- Es werden externe Berater gefragt, ob man sich nun zentral oder dezentral aufstellen soll, und dann ändert man alle paar Jahre die Struktur in die eine oder andere Richtung.
- In regelmäßigen Abständen werden Planstellen verschoben und Personen mit neuen Aufgabenbereichen betraut.
- Man kämpft sich an internen Schnittstellenklärungen, Kompetenzen und Budgetverantwortlichkeiten ab.
- Orte des Austauschs über Abteilungen, Hierarchieebenen und Nationen hinweg, oder Freiräume und Prozesse, die das vorhandene Erfahrungswissen und das kreative Potenzial entwickeln und strukturieren helfen könnten, sind kaum vorgesehen.

In dieser Welt, in der das Scheitern von Change-Projekten fast unausweichlich ist, definieren sich die Führungskräfte über Status, die Größe ihres Verantwortungsbereichs und ihr Zahlenwerk. Ein Partner eines internationalen Technologiekonzerns beschrieb das plakativ so: »Bei uns wird das Verhalten der Führungsmannschaft stark von

Controlling-Mechanismen bestimmt. Die Strategie verlangt zwar ein integriertes Auftreten aller Geschäftsbereiche gegenüber dem Kunden. Aber in der Realität optimiert jeder zunächst sein eigenes Profitcenter-Ergebnis – weil sein Bonus davon abhängt. [...] Das bindet Managementkapazitäten, die nicht mehr für schöpferische Aufgaben im Interesse der Kunden verfügbar sind. Das ist alles eine Folge dessen, wie Erfolg bei uns gemessen wird.«

In vielen Firmen glauben Führungskräfte wie Mitarbeiter daher auch nach wie vor an die Macht des Informationsvorsprungs. Sie geben wichtige Informationen nach oben und unten nur selektiv weiter, um sich im richtigen Zeitpunkt damit eigene Profilierungsvorteile zu verschaffen und in irgendeiner Weise zu »punkten«. Vor allem mit dem offenen Austausch mit Kollegen auf der gleichen Hierarchieebene sind sie sehr restriktiv. Die nötigen Informationen werden über einzuhaltende Berichtswege und bürokratische Prozesse kanalisiert, anstatt sie breit zu streuen, um in der Vernetzung mit anderen Blickwinkeln neue, andersartige Ideen und übergeordnete Lösungen zu finden.

Dahinter steckt sehr oft die tief verwurzelte Sorge, sich mit guten, praktikablen Ideen für mehr Effektivität und Effizienz im Unternehmen eines Tages selbst überflüssig zu machen. Aus demselben Grund werden seitens des Managements auch alle Vorschläge und Ideen von Mitarbeitern gründlich daraufhin überprüft, ob sie womöglich den Interessen des eigenen Ressorts entgegenlaufen könnten, bevor man sie im Unternehmen zirkulieren lässt. Es liegt auf der Hand, dass diese Dynamik möglichen Erfolgen von Change-Projekten entgegenwirkt.

Warum auch vielversprechende Change-Projekte versanden

Um die interne Kommunikation zu fördern, stoßen Unternehmen gerne entsprechende Initiativen und Verbesserungsprozesse an. Teil dessen sind oft Tools, die einen direkten Draht zum Vorstand versprechen. Der gesamten Belegschaft ebenso wie der Managementebene wird in Aussicht gestellt, dass ihre Ideen und Anregungen nun ohne Umwege bei der obersten Führungsebene ankommen.

Zunächst laufen solche Kommunikationsinitiativen meist gut an und werden von den Mitarbeitern begeistert aufgenommen und genutzt. Ideen und Verbesserungsvorschläge haben schließlich viele – aber es fehlt oft ein Weg, um damit Gehör zu finden. Doch bereits nach ein paar Monaten verebben die Zuschriften zumeist, das Change-Projekt für mehr Kommunikation verläuft im Sande. Warum nur?

In vielen Fällen ist dafür das mittlere Management verantwortlich. Es macht den ihnen hierarchisch untergeordneten Mitarbeitern unmissverständlich klar, dass ihre Fragen und Vorschläge nicht erwünscht sind und ihrer Karriere im Unternehmen nicht dienlich sein werden. Diese auf den ersten Blick recht harsche Reaktion ist die Folge jenes Drucks, der in aller Regel vom oberen auf das mittlere Management ausgeübt wird. Denn nicht selten müssen sich die mittleren Manager von der Unternehmensleitung unangenehme Fragen gefallen lassen, warum bestimmte vielversprechende Ideen, die bereits früher von der Belegschaft an die betreffenden Führungskräfte herangetragen worden sind, nicht schon längst aufgegriffen und umgesetzt wurden. Aus diesem Grund sind die mittleren Manager in permanenter Sorge um ihre Stellung und ihre Machtposition im Unternehmen, sehen ihre Karriere gefährdet, fühlen sich in die Ecke gedrängt und müssen aus ihrer Sicht unverzüglich handeln.

Als einziger Ausweg erscheint ihnen dann, dass sie Offenheit und freien Ideenaustausch ihrer Mitarbeiter verhindern, statt sie zu ermutigen, ihre Einfälle zum Wohl des Unternehmens im Allgemeinen und in Change-Projekten im Besonderen einzubringen.

In anderen Fällen merken die Mitarbeiter irgendwann, dass mit den Ideen, die sie über Social Networks, Kommunikations-Tools oder in entsprechenden Foren eingebracht haben, schlichtweg nichts geschieht. Das obere Management ist nicht fähig oder bereit, seine Denkweisen zu hinterfragen. Es informiert im Nachgang nicht, was aus den einzelnen Ideen wurde, wie man sie bewertet und welche weiterverfolgt werden sollen. Schlussendlich wird die Aktion als reine interne PR-Maßnahme enttarnt und in der Folge nicht mehr ernst genommen.

Manager, die sich an bereichsübergreifenden Change-Projekten beteiligen, achten nicht selten penibel darauf, dass die für ein Projekt abgestellten Mitarbeiter nur im Voraus besprochene und von der Führungskraft abgesegnete Informationen und Ideen weitergeben. Diese Restriktion verhindert jedoch jede Form von kreativer Ideenfindung und mutiges, bereichsübergreifendes und ergebnisoffenes Denken.

Hinzu kommt: Gerade groß angelegte Restrukturierungsprogramme, wie sie insbesondere in großen Konzernen mehr oder weniger permanent laufen, führen dazu, dass ganze Bereiche als vermeintliche Gewinner oder Verlierer abgestempelt werden. Das ist problematisch. Denn hat sich in einem Unternehmen eine solche Gewinner-Verlierer-Kultur mit den dazugehörigen Ängsten, Vorbehalten und Sorgen erst einmal etabliert, ist bereichsübergreifendes Denken zur Entwicklung neuer Ansätze nur noch bedingt oder im schlimmsten Falle unmöglich. Was stattdessen vorherrscht, sind ressortegoistisches Silodenken und interne Konkurrenz.

In einer solchen Konstellation geht es darum, mit eigenen Vorschlägen nach oben hin für Aufmerksamkeit zu sorgen, also den nächsten Sprung auf der Karriereleiter vorzubereiten, und sich vor einem Abrutschen auf tiefere Sprossen abzusichern. Statt nach Expertenwissen zu suchen und langjährige, erfahrene Mitarbeiter um Rat zu fragen, stößt man lieber eine Debatte in eine ganz andere Richtung an, wie etwa: »Wir sind doch total überaltert. Die Alten trauen sich den Umgang mit einem neuen System gar nicht mehr zu …« Diese provokante Äußerung verfehlt ihre Wirkung nicht: Wer sich wie ein Verlierer fühlt, befürchtet automatisch, dass seine bisherigen Erfahrungen und Kenntnisse nicht ausreichen, um mit der neuen Situation klarzukommen.

Was für Change-Initiativen Gift ist

- **Fehlende Partizipation:** Das Topmanagement präsentiert Top-down-Ideen – zum Teil noch unausgegoren – als *das* Patentrezept für den Erfolg eines Change-Projekts, ohne die wichtigsten Change-Akteure einzubeziehen. Deren Kreativität wird nicht genutzt, und so wird riskiert, dass sie vollends entmutigt werden und sich bevormundet fühlen.

- **Unnötige Geheimniskrämerei:** Ideen werden in kleinen, eingeschworenen Zirkeln entwickelt, zu denen »Unbefugte« keinen Zutritt haben. Doch wer keine anderen Impulse, Vorschläge und Gegenargumente zulässt, kann sich nicht umfassend mit der zugrunde liegenden Herausforderung auseinandersetzen und daher keine neuartige Lösung oder Innovation finden.

- **Einschränkendes Silodenken:** Informationen dürfen nur selektiv weitergegeben werden und gute Ideen nur von den »richtigen« Absendern kommen. Diese selbst auferlegte Restriktion erstickt den kreativen Prozess im Keim. Kollektive Erfahrungen und kollektives Wissen können ihr Innovationspotenzial so nicht entfalten.

- **Politisches Kalkül:** Das Wohl des Unternehmens gerät aus dem Blick. Stattdessen sind die Entscheider auf ihren eigenen Vorteil und auf ihr berufliches Weiterkommen bedacht und hüten sich gerade bei Change-Projekten, welche die eigene Abteilung betreffen, vor überbordendem Engagement, das am Ende dazu führen könnte, sich selbst wegzurationalisieren.

»Wer Antworten verkündet, erntet Fragen. Wer kluge Fragen stellt, erntet Antworten.« Unter dieses Motto lässt sich das dritte Aktionsfeld zielgerichteten Wandels stellen. Denn Change ist *nicht nur, aber auch* Innovation. Vor allem in der Reifephase eines Unternehmensbereichs, wenn die Strukturen starr geworden sind, ist Innovation die einzige Chance, den drohenden Niedergang zu verhindern. Und erst ein schöpferischer Prozess, der aus dem Inneren der Organisation heraus entsteht, kann im Rahmen eines Change-Projekts zu einer kontinuierlichen Erneuerung führen, welche die Zukunftsfähigkeit des Geschäftsmodells und des gesamten Unternehmens zu sichern vermag.

••• Kollektive Erfahrungen und Zutrauen

Veränderungen führen die Beteiligten oft ins Neue und Unbekannte, und sie erfordern nicht selten ganz neue Lösungsansätze und Ideen. In Change-Prozessen sind Unternehmen daher gut beraten, nicht nur alte Zöpfe abzuschneiden. Ebenso sollten sie die vorhandenen, aber bislang nicht oder nicht ausreichend genutzten Fähigkeiten, Stärken und Potenziale ihrer Manager und Mitarbeiter mobilisieren.

Die Ermöglichung einer gemeinsam als sinnvoll erlebten Bedeutung eines Change-Projekts und die Verinnerlichung des Leitbilds bei allen Beteiligten sind, wie wir in der Beschreibung der beiden ersten Aktionsfelder zielgerichteten Wandels ausgeführt haben, grundlegend, damit die Change-Akteure kreativ und konstruktiv (mit)denken können. Denn nur wenn dieselbe Vorstellung, dieselbe Vision vom erstrebenswerten Zustand bei allen Change-Beteiligten existiert und klare, eindeutige Ziele gesteckt wurden, suchen sie auch aktiv nach

Mustern, Hinweisen und Lösungswegen, um diesen Zustand zu verwirklichen.

Peter Drucker, der legendäre Pionier der modernen Managementlehre, war in seinen Werken stets um Klarheit und Übersicht bemüht. Er sah im Marketing und in der strategischen Innovationskraft die zwei wichtigsten Triebkräfte für dauerhaften Erfolg. Gerade strategische Innovationskraft ist bei Change-Projekten bedeutsam. Sie aber verlangt, etablierte Abläufe, Angebote und Strukturen kontinuierlich zu hinterfragen. Genau dies muss im Kontext von Change-Projekten erfolgen, damit diese letzten Endes zu zielgerichtetem Wandel führen können.

Die kollektive Erfahrung und das implizite Wissen in Organisationen bergen dabei ein immenses Potenzial für wirkungsvollen, zielgerichteten Wandel. Dabei ist nicht das Problem, genügend neue Ideen zu entwickeln. Die meisten unserer Interviewpartner betonten etwa, dass bei ihnen keineswegs Ideenmangel herrscht. Das Entscheidende ist vielmehr, Ideen zu strukturieren, zu filtern und so zu entwickeln, dass sie tatsächlich etwas bewirken, weil sie von der Organisation getragen und engagiert umgesetzt werden.

Nach Einschätzung vieler unserer Interviewpartner entstehen diese vielversprechenden Ideen immer dann, wenn es gelingt, individuelle und kollektive Erfahrung und das Wissen der Organisation zu nutzen. Das wusste auch Steve Jobs. In der Phase, in der er Apple zur weltweit innovativsten Firma machte, stellte sich selbst Jobs regelmäßig die Frage: »Wenn ich als CEO gezwungen wäre, diese Firma zu verkaufen und auf der grünen Wiese mit ausgewählten Menschen eine neue Firma gleichen Typs aufzubauen – wen würde ich mitnehmen?«

Ähnliches erzählten uns auch viele unserer Interviewpartner, wie das folgende illustrative Zitat zeigt: »Ich bin jetzt im dritten Unternehmen und zum zweiten Mal als CEO tätig. Lange Zeit habe ich akribisch die Strategiepräsentation von BCG, McKinsey bis Booz, wie auch immer sie alle heißen, wie einen Schatz gehütet. Immer griffbereit in der Schublade. Heute nicht mehr. Ich habe mich mit meinem Führungsteam zusammengesetzt und jeden gefragt: ›Wenn wir jetzt noch mal ganz von vorne anfangen könnten, wen aus euren Bereichen würdet ihr unbedingt dabei haben wollen – losgelöst von Hierarchien?‹ Wir sind derzeit knapp 18 000 Mitarbeiter und haben insgesamt 40 Kollegen identifiziert: Leute, die frisch von der Uni kommen, ebenso wie Kollegen, die seit Jahrzehnten hier Dinge voranbringen. Genau hier sitzt die Ideen- und Zukunftskraft meines Unternehmens heute – nicht in meiner Schublade.«

Die motiviertesten und lösungsorientiertesten Menschen einer Organisation zu erkennen und in zukunftsrelevante Entscheidungen und Prozesse einzubinden ist die zentrale Herausforderung für ein gelingendes, das heißt auch innovationsgetriebenes Change-Management. Nicht von ungefähr ist die gezielte Gestaltung der Beziehungen des Topmanagements zu dieser Gruppe von Leistungsträgern in vielen unserer Interviews als entscheidende Aufgabe und als wichtiger Erfolgsfaktor für zielgerichteten Wandel genannt worden.

> »Nur Leute, die sich mit ihrem Unternehmen kritisch auseinandersetzen, entwickeln eine fundierte Meinung. Und die Engagierten teilen sie auch. Gefährlich sind Ja-Sager und Nicker, die keine Meinung erkennen lassen.«

Zahlreiche unserer Interviewpartner sehen das schöpferische Potenzial, das in ihrer Belegschaft und auf der Managementebene schlummert, und sie beschäftigen sich mit der Frage, wie es systematisch und effektiv nutzbar ist. Ein Vorstand eines führenden Pharmakonzerns berichtete uns, wie es in seinem Unternehmen durch einen offen gestalteten Innovationsprozess gelang, die Entwicklungsgeschwindigkeit neuer Medikamente entscheidend zu erhöhen. Wo früher jahrelang streng geheime, unter Verschluss gehaltene Forschung betrieben wurde, greifen heute neue, auf zielgerichteten Wandel angelegte Prozesse, um von den Wettbewerbern nicht abgehängt zu werden.

Dabei ist wichtig: Der kreative Ideenaustausch ist das eine. Soll ein solcher Prozess aber zu fruchtbarem Wandel und Innovationen führen, ist das Zutrauen in die Fähigkeiten der Mitarbeiter essenziell.

Wie uns Vertrauen beeinflusst

In einem der bekanntesten Experimente der Verhaltenspsychologie untersuchten die beiden Wissenschaftler Robert Rosenthal und Lenore Jacobson 1965 die Interaktionen zwischen Lehrern und Schülern. Lehrern an Schulen in unterschiedlichen Milieus wurde dabei mitgeteilt, dass man einen wissenschaftlichen Test mit den Kindern durchgeführt habe, mithilfe dessen man diejenigen Kinder identifizieren könne, die kurz vor einem intellektuellen Entwicklungsschub stünden. Das träfe auf ungefähr 20 Prozent der Kinder zu.

Allerdings fand dieser Test in Wirklichkeit nie statt. Die vermeintlichen 20 Prozent der vor einem Entwicklungsschub stehenden Kinder wurden von den Wissenschaftlern stattdessen per Zufall ausgewählt und den Lehrern mitgeteilt. Einen Unterschied zwischen »besonderen« und »gewöhnlichen« Kindern gab es also fortan nur in den Köpfen der Lehrer.

Als die Klassen ein Jahr später besucht wurden, stellte sich heraus, dass sich der IQ der »besonderen« Kinder in dieser

Zeit massiv stärker entwickelt hatte als jener der »gewöhnlichen« Kinder. Außerdem wurde der Charakter der »besonderen« Kinder von den Lehrern positiver bewertet. Dieses Phänomen – der Rosenthal-Effekt – findet sich auch im Arbeitsumfeld: Diejenigen, die das Zutrauen ihrer Bezugspersonen, also der eigenen Vorgesetzten, in ihre Leistungsfähigkeit spüren, glauben in der Folge selbst stärker an ihre eigenen Potenziale und realisieren sie daher auch besser. Umgekehrt kann ein Mangel an Zutrauen Selbstvertrauen zerstören, die Innovationskraft schwächen und Ideenreichtum im Keim ersticken.

●●● Mobilisierung und Partizipation

Gefragt nach den erfolgreichen Innovationen, die sich wirklich nachhaltig in der Organisation verankert haben, wurde von unseren Gesprächspartnern sehr häufig ein Vorgehen beschrieben, das die Change-Akteure aktiv einbindet und bestärkt, offen und zensurfrei Ideen und Vorschläge vorzubringen. Allerdings gibt es hier ein Problem: Sehr viele Führungskräfte behaupten, dass sie ein solches Vorgehen für sinnvoll halten. Dabei ist ihnen allerdings häufig nicht bewusst, dass sie durch bestimmte Verhaltensweisen genau das verhindern. So werden unbequeme Vorschläge mit abfälligen Gesten oder einem abwehrenden Gesichtsausdruck nonverbal kommentiert, oder der Manager liebt es, in Meetings lang und breit über seine persönliche Sicht der Dinge zu dozieren, ohne andere zu Wort kommen zu lassen. Die Innovationstreiber sind deshalb oft weniger dominante Führungspersönlichkeiten, sondern eher geschickte Moderatoren, die auf einem »hausinternen« Marktplatz der Ideen die richtigen Leute zusammenbringen.

Es sind vor allem unbewusste Verhaltensmerkmale, die im Berufsalltag Innovation verhindern und zielgerichteten Wandel bremsen.

Auch ohne formale und personelle Verankerung: Gute Ergebnisse in Veränderungsprojekten werden nach Einschätzung unserer Gesprächspartner häufig dann erzielt, wenn es gelingt, den Erfahrungsreichtum, der innerhalb des Unternehmens bereits vorhanden ist, zu nutzen und Managemententscheidungen zu treffen, die aus der Denkweise der Betroffenen heraus begründet und vermittelt wurden. Dazu braucht es Partizipation einerseits und Mobilisierung andererseits.

Wie der Chef für Wandel werben kann

In einem großen Unternehmen wird eine Initiative zur Verkaufssteigerung auf den Weg gebracht. Das verantwortliche Mitglied des Vorstands selbst macht es sich zur Aufgabe, der Belegschaft und dem Management gegenüber klarzustellen, warum das Programm wichtig für das Unternehmen ist und was er konkret von allen Beteiligten erwartet. Mit großem persönlichem Engagement wirbt er für den Wandel, für die notwendige Veränderung. Nachdem die wesentlichen Fragestellungen im nun anstehenden Change-Projekt geklärt sind, lädt er 30 ausgewählte Manager und Mitarbeiter, die ihm zuvor von den Vertriebsleitern empfohlen worden waren, zu einem gemeinsamen Essen im Hauptsitz der Firma ein.

Das ist der Moment der Projektübergabe. Der Vorstand schildert den Anwesenden seine Erwartungshaltung. Und anschließend überlegen alle gemeinsam, wie die

154

gewünschten Ergebnisse am besten zu erreichen sind. Die Projektmitglieder sind nun am Zug und sollen kreative Ideen entwickeln, wie jeder Mitarbeiter im Alltag dazu beitragen kann, die übergeordnete Zielsetzung zu verwirklichen.

Der Erfolg dieses Vorgehens wird schnell offenkundig. Denn am Ende des Programms wird seitens aller Vertriebsmitarbeiter eine Partizipation von über 80 Prozent ermittelt. Die Zahlen konnten erhoben werden, da es eine zentrale Plattform gab, auf der alle Mitarbeiter aufgefordert waren, Feedback und Verbesserungsvorschläge für die Implementierung des neuen Vertriebsprozesses zu geben. Die Ansprache des Vorstands und sein Enthusiasmus bezüglich des Change-Projekts waren dabei das eine. Er kam überdies nicht mit einem fertigen, bereits bis ins kleinste Detail durchdachten Plan für den angestrebten Wandel daher, sondern lediglich mit einer klaren und eindeutigen Zielvorstellung. Der Weg dorthin wurde dann von Managern wie Mitarbeitern gleichermaßen erarbeitet. Und auch nach dem Start des Projekts zeigte sich der Vorstand an den Vorschlägen und Ideen der Belegschaft interessiert.

Doch wie mobilisiert man den Einzelnen im Rahmen von Change-Projekten zur kreativen Mitarbeit? Wie lässt sich persönliches Engagement fördern, sodass die kreative Energie fließen kann? Insgesamt ergab unsere Forschung dazu einige zentrale Erkenntnisse.

Zunächst ist es für Change-Beteiligte wichtig, dass sie in der gewünschten Veränderung ihres Verhaltens einen klaren Nutzen sehen – und zwar nicht nur für das Unternehmen, sondern auch für sich selbst. Sie müssen außerdem das Gefühl haben, diesen Zielen mit ihren persönlichen Fähigkeiten, Erfahrungen und Kompetenzen gewachsen zu sein, sollten sich also nicht überfordert fühlen. Das bedeutet im Umkehrschluss: Stufen sie die Zielsetzung als unerreichbar oder unrealistisch ein, klappt es nicht mit einer Mobilisierung der kreativen Kräfte. Partizipation und Engagement würden also in einem solchen Fall auch nicht weiterhelfen.

Sind realistische Ziele gesteckt worden, mobilisiert die Change-Akteure vor allen Dingen, wenn sie nicht nur angehört werden und ihre Ideen und Vorschläge, ihre Sorgen und Nöte loswerden können, sondern wenn ihnen darüber hinaus eine aktive Rolle im Veränderungsprozess zugemessen wird. Es bestärkt sie demnach, wenn sie das Zutrauen der Verantwortlichen spüren, wenn diese ihr Know-how, ihr Wissen und ihre langjährige Erfahrung nicht als selbstverständlich ansehen oder gar als unwichtig abtun, sondern ihre Kompetenzen und Fähigkeiten für den Weg zum Ziel brauchen und einfordern.

••• Freiräume schaffen, neue Arbeitsformen ermöglichen

Um zu partizipieren, der Kreativität freien Lauf zu lassen und das Denken in neuen Dimensionen anzuregen, brauchen die Change-Akteure vor allen Dingen eines: Freiraum. Das bedeutet zum einen Zeit zum Denken ohne Druck, zum anderen eine äußere Umgebung, die fokussiertes Denken zulässt. Dieser Freiraum ermöglicht es ihnen, ihre volle Energie in den Change-Prozess einzubringen. So werden der Wandel und das damit verbundene Engagement nicht zu einer zusätzlichen Bürde. Jeder Akteur sollte Spaß am Mitdenken haben, und wenn er feststellt, dass seine Ideen und Anregungen die Dinge vorantreiben und zu einem Arbeitsklima führen, das in praktischen Ergebnissen mündet statt in Luftschlössern, motiviert ihn das, genau so weiterzumachen.

Partizipation ist kein punktuelles Ereignis, sondern ein kontinuierlicher Arbeits- und Entwicklungsprozess. Ehrliche Anerkennung für Ideen und Vorschläge, also positives Feedback, vertiefen die Partizipation, weil dadurch eine positive Dynamik entsteht, die die Beteiligten im laufenden Change-Prozess vorantreibt. Läuft diese Dynamik ideal, dann ist allen bewusst, dass sie viele Ideen generieren müssen, um am Ende einige gute Ideen – oder auch nur eine sehr gute – zu haben, aus denen sich etwas machen lässt. Es wäre daher der falsche Weg, die Kreativität bereits im Vorfeld aus Angst vor Fehlern oder möglichen Hindernissen oder Risiken zu beschneiden und in der Folge Ideen vorschnell zu zensieren. Fehler und Sackgassen sollten vielmehr akzeptiert werden. Sie gehören zum schöpferischen Nutzen des Freiraums im Allgemeinen und im Rahmen von Change-Projekten im Besonderen.

Natürlich sind das ganz selbstverständliche Grundlagen kreativer Arbeit. Das macht sie aber nicht automatisch schon zum selbstverständlichen Bestandteil der Arbeit in Veränderungsprozessen. Vielmehr geraten sie allzu häufig unter die Räder technokratischer Projektabwicklung und zu knapper Zeitbudgets. Denn es braucht Zeit, um Lernkurven und realisierbare Ideen zu erzeugen, kreative Zusammenarbeit über Unternehmens- oder gar Landesgrenzen hinweg anzustoßen und dauerhaft zu organisieren.

Und häufig braucht es auch Mut, die Schaffung so verstandener Freiräume im Rahmen von Change-Initiativen vorzuschlagen und durchzusetzen. Denn nicht selten werden mit Freiräumen angelegte Change-Vorhaben gerade auf der Führungsebene als zu akademisch diskreditiert, als utopisch abqualifiziert und Ähnliches. Hinter diesem Widerstand steckt dabei – bewusst oder unbewusst – die Sorge vor Kontrollverlust. Denn Freiräume zu gewähren bedeutet immer auch, womöglich auf Ideen und Ergebnisse gefasst sein zu müssen, die den eigenen Status, den eigenen Verantwortungsbereich, die eigene Macht beschneiden oder eigene Denkweisen als verbesserungswürdig erscheinen lassen.

Dabei kann eine Beteiligung der Mitarbeiter sehr konstruktiv und zielführend erreicht werden. Das kann zum Beispiel geschehen,

- … indem Mitarbeiter und Kollegen aktiv um Ideen und Verbesserungsvorschläge gebeten und sie für nicht konforme, neue Impulse geschätzt und honoriert werden;
- … indem die Ideen der Change-Akteure in persönlichen Gesprächen und Interviews erforscht werden, um unterschiedliche Erwartungen und Perspektiven hinsichtlich der geplanten Veränderung kennenzulernen;
- … indem neue Ansätze und Ideen für sinnvolle Veränderungen in professionell gestalteten Workshop- und Dialogformaten systematisch gesammelt, bewertet und konkretisiert werden;
- … indem für die Erörterung und Beantwortung wichtiger Fragen gemischte Teams mit unterschiedlichen Blickwinkeln gebildet werden, die frei von Hierarchien arbeiten dürfen. Für alle Bereiche, in denen das Unternehmen auf langjährige Erfahrung zurückblickt, sollten hierbei interne Ideengeber ausgewählt werden. Für neue Aspekte, bei denen intern die Kompetenz fehlt, sollten externe Spezialisten in das Team integriert werden;
- … indem die Change-Akteure regelmäßig und in kurzen Abständen die Wirkung der eingeführten Maßnahmen reflektieren und daraus Schlüsse für die nächste Phase ziehen.

Bei alldem ist die Rolle der Führungskräfte zentral. Häufig wird es vergessen, aber Manager müssen vor allem gewährleisten, dass ihre Mitarbeiter optimale Arbeitsbedingungen vorfinden – insbesondere im Rahmen von Change-Prozessen. Die Ermöglichung von zielgerichtetem Wandel verlangt dabei die Disziplin des Managements, sich zurückzunehmen, vor anstehenden Entscheidungen zuzuhören, Einwände ernst zu nehmen und sinnvolle Fragen zu stellen.

Das gilt vor allen Dingen für die Start-up-Phase, in der ein Change-Projekt auf den Weg gebracht werden soll. Hier sind die Rolle und die Haltung einer Führungskraft besonders wichtig. Für sie geht es in dieser Phase vor allem darum, besser zu verstehen, wo das Problem liegt und was als Nächstes konkret zu tun ist. Der Vorstand einer großen Warenhauskette schilderte uns, wie seine Geschäftsführer in regen Austausch mit den Mitarbeitern kommen: »Ich habe über 100 Geschäftsführer – soll ich Ihnen sagen, was ich jedes Mal empfehle, wenn es in einem der Läden nicht rund läuft? Geh endlich raus aus deinem Büro. Führe eine Woche lang Gespräche mit jedem der Mitarbeiter im Verkauf. Stell ihnen Fragen, nicht nur nach den Kunden, sondern wie es ihnen geht, was die Kinder machen und natürlich auch, warum das eine Produkt gerade so gut läuft und das andere nicht. Eine Woche. Und sie werden merken, was das für einen Unterschied machen wird.«

> **Fragen, nicht Ansagen, reißen Menschen und Organisationen aus der eigenen Betriebsblindheit, bringen sie zum Nachdenken und lassen sie ihre eigenen Scheuklappen erkennen.**

Wichtig sind Fragen, die bisherige Erfahrungen mit dem Blick für neue Möglichkeiten verbinden:

- Was hat uns stark gemacht? Was sollten wir uns als Organisation bewusst bewahren?
- Was bremst uns? Worauf sollten wir in Zukunft bewusst verzichten?

- Wenn wir uns selbst aus der Perspektive unserer Kunden betrachten – was könnten wir anders und besser machen? (Die gleiche Frage lässt sich auch in Bezug auf andere Stakeholder stellen: Geschäftspartner, die Öffentlichkeit, Nachwuchstalente et cetera.)
- Gibt es erfolgreiche Unternehmen in anderen Branchen, deren Konzepte wir auf unsere Situation übertragen könnten?
- Welches sind die entscheidenden Momente im Arbeitsalltag, in denen die Veränderung eine positive Wirkung erzielen soll? Wie genau kann diese positive Wirkung aussehen und wer profitiert davon?

Die Qualität der Antworten hängt dabei stark davon ab, ob es gelingt, hierarchiefreie Räume zu schaffen, in denen auf Augenhöhe zusammengearbeitet wird. Ein Interviewpartner berichtete von einem Unternehmen in den Vereinigten Staaten, welches in nur drei Tagen jährlich – den *wild thinking days* – 80 Prozent seiner Innovationen entwickelt. In diesen Tagen werden die Mitarbeiter aufgefordert, ihre üblichen Tätigkeiten ruhen zu lassen und »wild«, also über den Tellerrand hinaus zu denken und zu überlegen, wie sie selbst und das Unternehmen insgesamt künftig zusätzlichen Nutzen und zusätzliche Wertschöpfung schaffen können.

Nicht wenige Interviewpartner wiesen im Rahmen unserer Forschung darauf hin, dass die Wirkung konkreter strategischer Fragen verstärkt wird, wenn sie zusätzlich gezielt ausgewählten Kunden oder Geschäftspartnern gestellt werden. Mehr als jede quantitative Marktforschung spiegelt diese qualitative Perspektive von außen dem Unternehmen das Fremdbild wider, das im Geschäftsalltag oft vergessen wird.

Für uns liegt es auf der Hand: Wenn das kollektive Erfahrungswissen genutzt wird und Führungskräfte einen kreativen Prozess ermöglichen, in dem eine heterogene Gruppe Ideen und Vorschläge sammelt und konsolidiert, dann werden Reibungsverluste geringer und kostspielige Fehler seltener, die Innovationskraft des Unternehmens steigt, und Change-Projekte leisten ihren Beitrag zur Verwirklichung des zielgerichteten Wandels. Führungskräfte spielen in diesem Zusammenhang manchmal die Rolle von Moderatoren, doch es gibt durchaus auch Situationen, in denen sie sich zurückziehen sollten, da ihre Anwesenheit oder gar Einmischung den kreativen Prozess eher hemmt denn beflügelt, etwa wenn sie selbst Teil des Konflikts sind und demnach gar nicht interessenfrei handeln können. Selbst wenn die heterogenen Teams – eigentlich – hierarchiefrei angelegt sind, so kann doch die bloße Anwesenheit des eigenen Chefs die Mitarbeiter unterschwellig beeinflussen und damit den nötigen kreativen Prozess behindern. Dies gilt es zu vermeiden.

Wie kollektive Intelligenz zu konkreten Plänen führt

Ein deutscher Hidden Champion, Weltmarktführer in der Bauzulieferbranche, steht vor der Frage, wie er seinen weltweiten Vertrieb effektiver gestalten kann, und erprobt dazu einen hierarchie- und funktionsübergreifenden Ansatz. Mehr als 40 Mitarbeiter aus verschiedenen Bereichen und Hierarchieebenen werden in einem Workshop vernetzt, um interaktiv und in wechselnden Kombinationen an den vertriebsrelevanten Themen zu arbeiten. Das Verfahren ist assoziativ, um taktisches und selbstzensiertes Antworten auszuschließen. Es folgt einer stringenten Struktur, die zunächst dazu ermutigt, Perspektiven zu wechseln und über den eigenen Tellerrand hinauszuschauen, um daraufhin die Optionen immer weiter zu verdichten.

Nach nur zwei Tagen intensiver Zusammenarbeit im Team steht die neue Vertriebsstrategie: Es gibt eine Zielsetzung, die von allen getragen wird, eine neue Struktur, die diese Zielsetzung unterstützt, und einen konkreten Maßnahmenplan.

Der Leiter einer E-Business-Abteilung erzählte uns im Interview davon, wie er ein Change-Projekt übernahm, das zum damaligen Zeitpunkt bereits seit zwei Jahren die Anforderungen an eine neue Onlineplattform definieren sollte und ins Stocken geraten war. Bei der Analyse der bisherigen Projektergebnisse erkannte man schnell, dass diese lediglich ein unstrukturiertes und daher wenig zielführendes Sammelsurium darstellten. In der Folge lud unser Gesprächspartner zeitnah ein Dutzend Experten aus verschiedenen Bereichen des Unternehmens und einige externe Spezialisten ein und zog sich mit ihnen für zehn Tage in ein abgelegenes Hotel in den Alpen zurück. In der Lobby, vor dem Kamin und in Arbeitsräumen entwickelte das Team gemeinsam ein stimmiges Konzept. Jeder hatte eine klare Rolle, aber es gab keine Hierarchien. Wenn eine offene Frage auftauchte, rief man sich schnell zusammen und suchte nach einem Lösungsweg. Jeder unterstützte jeden mit seiner Expertise. Die erarbeiteten Dokumente wurden aus unterschiedlicher Perspektive überprüft (Wie nimmt es der Kunde wahr? Ist das technisch gut umsetzbar? Ist es im Sinne der Vertriebsstrategie?) und direkte Rückmeldung wurde gegeben. Jeden Abend teilten die Mitglieder ihre wichtigsten Erkenntnisse und Lernerfahrungen mit den anderen. So erreichte dieses Vorgehen deutlich mehr als das Change-Vorgängerprojekt in einer 60-mal längeren Periode. Nicht nur eine vollständige und klare Definition der Anforderungen, sondern auch eine Visualisierung aller Nutzermasken und Profile entstand während dieses einen Aufenthalts außerhalb der gewohnten Arbeitsumgebung. Die Onlineplattform wurde anschließend in vier Monaten technisch umgesetzt.

➡ **Die Nutzung der kollektiven Intelligenz heißt nicht, dass kollektiv entschieden wird.**

Solche Ansätze, wie sie hier sichtbar werden, Ansätze also, die kollektive Erfahrung und Intelligenz im Unternehmen nutzen, bieten klare Vorteile für das Management: In einer zunehmend komplexen Welt fördern sie den Perspektivenwechsel, das ganzheitliche Denken in Lösungen außerhalb einzelner Silos und die maximale Einbindung des in der Firma vorhandenen Know-hows. Etwa so: Die Besten aus dem Kollektiv werden befragt oder – wie im Beispiel des E-Business-Projekts – zusammengebracht, um auf diese Weise mit einer vielfachen Denk- und Assoziationsleistung nicht nur viele Vorschläge und Ideen zu erarbeiten, sondern auch auf ihre Wirksamkeit und Umsetzbarkeit aus verschiedenen Blickwinkeln zu überprüfen. Gerade in Branchen, in denen geistige Spitzenleistung ein wesentlicher Treiber der Wettbewerbsfähigkeit ist, ist eine solche Herangehensweise nützlich, ja eigentlich unabdingbar. Für das Management bilden die kreativ entstandenen oder weiterentwickelten Vorschläge eine elementare Basis, um sich gedanklich nicht ständig im Kreis zu drehen und sich im Anschluss für diejenigen Maßnahmen mit dem stärksten Wirkungsgrad zu entscheiden.

Ein weiterer Vorteil des dargestellten Vorgehens besteht darin, dass es in der Folge in allen Schlüsselbereichen des Unternehmens bereits motivierte und gut informierte Protagonisten der angestrebten Veränderung gibt, die den weiteren Verlauf der Change-Initiative aktiv und engagiert vorantreiben können. Auch ein Gesprächspartner aus einem traditionellen, mittelständischen Unternehmen bestätigte das:

»Wir haben gute Erfahrungen damit gemacht, dass kleine schlagkräftige Teams, die ein gemeinsames Ziel für sich auserkoren haben – das muss nicht unbedingt die Geschäftsleitung sein, das kann auch auf anderen Ebenen stattfinden –, die Dinge erfolgreich durchboxen und durchsetzen.«

Eine Geschäftsführerin schilderte uns: »Die Arbeitswelt ändert sich. Menschen arbeiten zunehmend vernetzt. Projektarbeit und Kollaboration werden bei geistigen und kreativen Werken immer wichtiger. Damit wir hier Schritt halten, achte ich sehr bewusst darauf, dass wir auch bei uns ein Umfeld schaffen, das den neuen Anforderungen entspricht. Eine Art Start-up-Subkultur im Unternehmen. Da gibt es wenig Administration, viel Freiheit zum Ausprobieren und Tüfteln und einen direkten Draht zur Geschäftsführung.« Dabei gilt: In einem operativen Alltag, der oft durch fest etablierte oder gar festgefahrene Strukturen und Prozesse definiert ist, oder bei Change-Projekten, die neben der operativen Routine stattfinden, ist es eine Herausforderung, den nötigen Abstand und geistigen Freiraum zu gewinnen, um neue, bessere Lösungen zu entwickeln. Die schöpferische Gestaltung solcher Lösungen verlangt oft auch ganz andere Persönlichkeitstypen als deren zuverlässige Umsetzung. Ein Vorstand sagte uns dazu im Interview: »Es gibt Verwalter und Veränderer. Wenn man einen Veränderer auf einen Verwalterposten setzt, gibt es ein Desaster: Qualitätsprobleme ohne Ende. Wenn man einen Verwalter auf ein Change-Projekt setzt, passiert nichts. Der wartet auf den sicheren Plan, der nie kommen wird. Manche sind eben fürs Finish gut und andere für den kreativen Part.«

»Stolpern und Hinfallen gehören dazu. Nicht-aufstehen-Wollen ist verboten.«

Unternehmensinterne Thinktanks bieten eine hervorragende Plattform für Potenzialträger, sich kreativ auszuleben. Hier können sie Neues ausprobieren, Prototypen entwickeln, Laborbedingungen schaffen – und auch scheitern, um dann aus Fehlern zu lernen und sich weiterzuentwickeln. Überall dort, wo Kreativität und gute Ideen entlang der gesamten Wertschöpfungskette die Wettbewerbsfähigkeit beeinflussen, ergibt es einen Sinn, wenn ein Kollektiv sich zusammenfindet und Antworten auf strategische Fragen erarbeitet, die das Management ihm stellt. Die Protagonisten des Wandels verfügen inhaltlich und gegebenenfalls auch räumlich über die entsprechende Freiheit, sich ohne Druck zu vernetzen und ihr kollektives Potenzial zu entfalten. Diesbezüglich betonte der Leiter eines Dienstleistungsunternehmens im Interview: »Gerade die Vernetzung von Menschen mit völlig verschiedenen Hintergründen und Rollen im Unternehmen führt häufig zu außergewöhnlichen und innovativen Ansätzen. Und ganz wesentlich ist, dass es schon in diesem frühen kreativen Stadium zum intensiven Austausch mit den späteren Nutzern oder Kunden kommt.«

Eine Atmosphäre des angstfreien Lernens ist der ideale Nährboden für Innovation.

Es ist wesentlich effektiver, Versuch und Irrtum in einem speziellen Umfeld im Vorfeld zu praktizieren, als einen nicht zielführenden Ansatz erst zu erkennen, wenn bereits riesige Summen in dessen Umsetzung geflossen sind. Die Inhaberin des größten *Open Workspace* Europas erzählte uns von einem Großkonzern, der sich für mehrere Monate mit einem Team in dieses kreative Umfeld einbuchte, um möglichst viele Start-up-Unternehmen kennenzulernen und zu prüfen, welche Ideen das eigene Geschäftsmodell erweitern könnten: »Da war auch ein älterer Herr dabei, der fand es am Anfang grässlich: Alles war in seinen Augen so chaotisch, so unstrukturiert. Nach acht Wochen wollte er gar nicht mehr gehen. Er fragte: ›Wie soll ich es in der Bürokratie der Zentrale je wieder aushalten?‹«

Eine kollaborative Art der Arbeit trifft den Geist einer neuen Generation von Mitarbeitern. Die Welt wird zunehmend vernetzter: Menschen tun sich auf freiwilliger Basis zusammen, um Onlineenzyklopädien zu erarbeiten, Betriebssysteme oder gar virtuelle Welten zu programmieren, sich für den Umweltschutz einzusetzen oder gegen Korruption zu engagieren. Die engagierten Nachwuchstalente der Generationen X und Y denken in Netzwerken und haben die Erfahrung gemacht, dass sie mit dieser partizipativen Herangehensweise großartige Ergebnisse erzielen können. Sie erobert nun nach und nach die Unternehmen, und viele der besten Köpfe ziehen es vor, in kleinen Start-ups oder sozial motivierten Organisationen zu arbeiten als in bürokratischen Strukturen, in denen sie sich austauschbar vorkommen.

➡ **Wer lediglich hohe Gehälter bietet, lockt Menschen an, denen es um ein hohes Gehalt geht. Wer sinnstiftende Arbeitsmodelle bietet, ist attraktiv für Menschen, denen es um eine sinnvolle Tätigkeit geht.**

●●● Parallele Innovationsnetzwerke

Bei nicht wenigen Veränderungsprojekten hat sich die temporäre oder dauerhafte Etablierung interdisziplinärer und hierarchieunabhängiger Teams als erfolgsentscheidend erwiesen. So berichteten unsere Gesprächspartner aus den verschiedensten Branchen von Wegen, neben der etablierten Hierarchie ein zweites, paralleles System für die Generierung tragfähiger Zukunftsideen und -konzepte zu bilden –

zum Teil projektbezogen, zum Teil als fest etabliertes, dynamisches Element im Unternehmen.

Das ist wie folgt zu verstehen: In Unternehmen gibt es im Allgemeinen das hierarchische Betriebssystem in der Linie, das sich auf die professionelle, bestmögliche operative Erledigung der etablierten und bewährten Prozesse und Leistungen konzentriert. In diesem System werden nur Abläufe eingeführt, die im Vorfeld gründlich durchdacht und auf ihre Praxistauglichkeit hin getestet wurden. Dieses System zielt im Allgemeinen auf eine maximale Einhaltung der definierten internen und externen Service-Levels und treibt kontinuierliche Verbesserungen im Betriebsalltag voran. In diesem System darf frei von Change-Aktionismus die Arbeit getan werden, und die Mitarbeiter im Tagesgeschäft werden erst dann in den Veränderungsprozess eingebunden, wenn ein durchdachter Prototyp steht, die neue Software entwickelt wurde oder was immer der Gegenstand eines Change-Projekts sein mag. Aufgabe eines Change-Projekts ist es hierbei, punktuell und nachvollziehbar die Kollegen des operativen Liniensystems über den Status quo zu informieren. Natürlich sollten gerade in der Konzeptions- beziehungsweise Start-up-Phase die Erfahrungen von Linienjobs genutzt werden, jedoch ohne operative Hektik und Unruhe ins Alltagsgeschäft zu bringen. Denn wie an anderer Stelle ausgeführt: Gerade Change-Projektarbeit kann zu einem gefährlichen Störfaktor werden, der die Menschen leicht von ihren sonstigen Aufgaben ablenkt.

Neben der hierarchisch oder ablauforientiert organisierten Betriebsebene für das Alltagsgeschäft kann es zusätzlich ein struktur- und hierarchieübergreifendes Innovationsnetzwerk geben. In mehr und mehr Unternehmen werden solche Strukturen institutionalisiert. Der Auftrag von Innovationsnetzwerken lautet im Allgemeinen, nach dem schnellstmöglichen Weg zur Verwirklichung gesteckter Change-Projektziele zu suchen – und dabei Insellösungen konsequent zu vermeiden. Ihnen gehören häufig motivierte, neugierige und offene Menschen an, die das Topmanagement bei der Entwicklung und Umsetzung von Veränderungsinitiativen beraten. Diese Netzwerke sollten bewusst heterogen gestaltet sein. Langjährige Kollegen finden sich hier ebenso wie Neu- oder Quereinsteiger, unterschiedlichste Nationalitäten bis hin zu externen Experten oder Kunden. Durch den abteilungsübergreifenden und heterogenen Zuschnitt der Netzwerke erkennen diese häufig früh, wo es bei der Umsetzung, also in der Etablierungsphase des Change-Prozesses, haken könnte, und können so schnell, zeitnah und passgenau vorbeugende Lösungen entwickeln. Besonders wichtig ist die Art und Weise, wie solche Netzwerke sich austauschen und zusammenarbeiten. Wirklich wertvolle Ergebnisse erzielt man, wenn man seine Mitglieder räumlich zusammenbringt und in einem spielerischen Umfeld zu interaktivem Denken und zum Perspektivenwechsel anregt.

Beide betrieblichen Systeme besitzen Vorzüge, die im Zusammenspiel noch kraftvoller wirken können. Das operative, hierarchisch geprägte System ist im Idealfall effizient, stabil und fehlerfrei, skalierbar und homogen und bietet damit beste Voraussetzungen für die flächendeckende und zuverlässige Umsetzung etablierter Prozesse. Das netzwerkgetriebene Veränderungssystem hingegen ist flexibel, schnell, innovativ und divers. Es bietet damit beste Voraussetzungen, um neue Ansätze und Verhaltensweisen zu entwickeln und zu erproben.

Die wichtigsten Merkmale und Erfolgsfaktoren eines so verstandenen internen Innovationsnetzwerks sind folgende:

■ Je nach Aufgabe kann es auf Zeit oder als zweites »Betriebssystem« auf Dauer angelegt sein.[11] Ein Unternehmen sollte genau überlegen, welche Konstellation die bessere für es ist.

- Das Innovationsnetzwerk sollte hierarchiefrei organisiert sein, also in einem Umfeld ohne einen »Vorgesetzten« arbeiten, aber gleichzeitig einen klaren Auftrag haben und einem systematischen kreativen Verfahren folgen. Es steht dabei ausdrücklich *nicht* in Konkurrenz zur hierarchischen Organisationsstruktur, sondern es ergänzt sie.

- Das Innovationsnetzwerk sollte aus Freiwilligen im ganzen Unternehmen bestehen, die entweder vorübergehend teilweise oder aber ganz abgestellt werden, um auf Wandel angelegte Innovationsprojekte zu verwirklichen. Kreativität ist nichts, das man nach einem Acht-Stunden-Tag »mal so nebenbei erledigen« kann.

- Für mittelständische Unternehmen ist eine Anzahl von mindestens fünf Mitarbeitern typisch, für große Konzernen von bis zu 50 Kollegen.

- Die Zusammensetzung eines Innovationsnetzwerks sollte sich laufend verändern. Denn die Teilnehmer dienen später als Vermittler der im Netzwerk ausprobierten »neuen Wege« in der Gesamtorganisation.

- Die Arbeit des Netzwerks kann nur dann erfolgreich sein, wenn ein kreatives Arbeitsumfeld ermöglicht wird, das fernab von operativen Störungen eine konzentrierte Zusammenarbeit fördert. In einem solchen Umfeld spielen Titel und Status keine Rolle. Es erlaubt angstfreies Umgehen miteinander und so auch das Äußern und Arbeiten mit zunächst verrückt erscheinenden Ideen, bei denen gemeinsam nach dem wertvollen Kern gesucht wird.

- Das Innovationsnetzwerk wird nur dann seinen Auftrag erfüllen, wenn ihm vom Vorstand oder der Geschäftsführung die Bearbeitung klarer strategischer Fragestellungen übertragen wird. Ist dies geschehen, sollten ihm große Freiräume für die Erarbeitung innovativer Change-Projektzielsetzungen und -Projektlösungen gewährt werden.

■ Die Ergebnisse aus dem Innovationsnetzwerk sollten dem Topmanagement direkt präsentiert werden – das heißt ohne »Übersetzung« von zwischengeschalteten Linienvertretern.

Was Change-Initiativen beflügelt

■ **Viele wissen mehr als einer:** Im stillen Kämmerlein vor sich hinzubrüten und auf einen Geistesblitz zu warten ist selten zielführend. Besser ist es, die kollektive Erfahrung und das Wissen der Organisation zu nutzen, um zu neuen Lösungen, Verfahren, Produkten, Dienstleistungen et cetera zu kommen.

■ **Viele Blickwinkel sind entscheidend:** Wenn Zahlenmenschen ein Konzept entwickeln, kommt dabei ein abstraktes Zahlenwerk heraus, bei kreativen Künstler hingegen wird es dem Ergebnis an Struktur und ökonomischer Fundierung fehlen. Erarbeiten Mitarbeiter Lösungen für Kunden, ohne diese einzubeziehen, erhalten interne Denkweisen und Abläufe zu viel Gewicht. Daher bilden die Verbindung und der offene, wertschätzende Austausch zwischen unterschiedlichen Rollen und Blickwinkeln die Grundlage von kreativen Veränderungsinitiativen.

■ **Alle sitzen in einem Boot:** Die aktive und ehrliche Einbindung aller Change-Akteure, also das genaue Gegenteil von Pseudopartizipation, macht diese zu Beteiligten und Unterstützern, die mit Elan bei der Sache sind und ihr kreatives Potenzial voll ausschöpfen können.

Daher muss sichergestellt werden, dass die richtigen Leute aufeinandertreffen, diese gemeinsam an der gleichen Fragestellung arbeiten und die Vorstellungen aller Beteiligten einigermaßen gleich gewichtet einfließen.

- **Alle haben gute Ideen:** Die Öffnung nach außen, zum Beispiel durch die frühe Einbindung von Kunden, Geschäftspartnern und Experten, in Kombination mit einer hierarchiefreien Vernetzung schafft zusätzlich Raum für frische Ideen und schöpferische Prozesse. Sie ist entscheidend, sobald diese Gruppen eine Rolle in der geplanten Veränderung haben, beispielsweise als Anwender oder Nutzer, oder weil dem Unternehmen bisher die notwendige Expertise in einem als wichtig erkannten Bereich fehlt.

DER IDEENMODERATOR UND SEINE ROLLE IM VERÄNDERUNGSPROZESS

Kein Zweifel: Die Zukunftsfähigkeit eines Unternehmens hängt wesentlich von der Bereitschaft und der Fähigkeit seiner Mitarbeiter ab, bisher Undenkbares zu denken und in der Folge auch in die Tat umzusetzen. Das Management muss daher bereit sein, Ressourcen für kreative Prozesse mit offenem Ausgang bereitzustellen, das heißt, Freiheiten für Experimente, für Ideen aller Art zu gewährleisten. Nur dann entsteht Neues, nur so entsteht zielgerichteter Wandel. Um allerdings kreative Prozesse in Gang zu bringen, braucht es Menschen mit besonderen Eigenschaften und Fähigkeiten, die Ideenfindungen ermöglichen und vorantreiben. Wir nennen sie »Ideenmoderatoren«.

Was also zeichnet diesen Change-Typen aus? Es lohnt, diese Frage zu beantworten, denn Unternehmen, die bei ihren Change-Projekten nicht darauf achten, dass sie an den richtigen Stellen Ideenmoderatoren einsetzen, werden kaum erfolgreich sein.

Der Ideenmoderator bringt besondere soziale und emotionale Kompetenzen mit. Im Allgemeinen ist er ein Menschenfreund, glaubt an das Gute und das Potenzial in jedem und zeichnet sich durch besondere Empathiefähigkeiten aus. Er ist also ein guter Zuhörer und auch ein guter Moderator. Er kann zwischen den Zeilen lesen, was ihn zu einem Stimmungsbarometer macht. Auf diese Weise gelingt es ihm, den richtigen Leuten die entscheidenden Fragen zu stellen und eine offene Gesprächsatmosphäre zu schaffen, in der jeder Gedanke gewürdigt wird.

Der Ideenmoderator versteht, dass kollektive Erfahrung und Intelligenz die wichtigsten Ressourcen eines Unternehmens sind, um aufbauend auf dem Bestehenden neue Ideen und strategische Innovationen zu entwickeln. Weil eine gute Vernetzung die Leistungsfähigkeit aller Systeme im Unternehmen steigert, fragt sich der Ideenmoderator: »Warum sollte das bei Menschen anders sein?« Aus diesem Grund bemüht er sich, Räume zu schaffen, in denen sich kluge Köpfe vernetzen und Ideen frei entwickeln und konkretisieren können.

Er weiß: Das kreative Potenzial gelangt nur dann wirklich zur Entfaltung, wenn die richtigen Köpfe jenseits der operativen Alltagshektik ohne Angst schöpferisch arbeiten können. Eine solide Vertrauensbasis ist dafür essenziell. Der Ideenmoderator ist kontaktfreudig und strahlt in Gesprächen stets Verbindlichkeit und Vertrauenswürdigkeit aus. Er wahrt unter allen Umständen die Vertraulichkeit, er spielt Leute nicht gegeneinander aus, und er intrigiert nicht.

Der Ideenmoderator ist zudem ein ausgesprochener Teamplayer. Er mag es, kreative Prozesse zu gestalten und zu führen, ohne dabei selbst zu dominieren. Die Gemeinschaft und der Austausch auf Augenhöhe mit Menschen unterschiedlichster Prägung sind ihm wichtiger. Was ihn auszeichnet, ist seine Neugier an anderen Blickwinkeln und Denkweisen. Er lässt die Meinung anderer gelten, und Kritik nimmt er nie persönlich. Sie ist für ihn schlicht der Ausdruck einer anderen Perspektive. Er ist jemand, der weiß, wie man die Vielfalt zum Zuge kommen lässt, ohne sich darin zu verlieren.

Der Ideenmoderator besitzt ein unerschütterliches Vertrauen in das kreative Potenzial der Gemeinschaft, denn er ist sich bewusst: Sein eigenes Wissen und seine eigene Erfahrung sind begrenzt, und andere können Wichtiges beitragen. Alle, die sich beteiligen, dürfen bei ihm fest darauf vertrauen, dass ihre Beteiligung gewünscht ist und ohne negative Folgen für sie sein wird. Hier wird niemand erst zum Reden aufgefordert und dann für vermeintlich abstruse Bemerkungen »runtergemacht«.

Doch ebenso stellt er klar, dass Beteiligung kein Ersatz für Entscheidungsfähigkeit ist. Auch wenn er sich manchmal in Geduld üben muss: Er weiß, dass Zutrauen und Wertschätzung der größte Hebel sind, damit Menschen über sich hinauswachsen. Der Ideenmoderator fragt sich daher immer wieder aufs Neue: »Was können wir heute tun, um die Ideen hervorzubringen, die einen konkreten Nutzen stiften, und mit strategischen Innovationen für Kunden noch attraktiver zu werden?«

Ideenmoderatoren stellen die richtigen Fragen und hören aufmerksam zu. Sie lassen sich beraten, aber sie lassen ihre Berater nicht führen.

Partizipation ist für den Ideenmoderator weder eine Beruhigungspille noch eine Pro-forma-Angelegenheit, aber auch keine Basisdemokratie ohne Führungsverantwortung. Partizipation ist für ihn rationales, wert- und ergebnisorientiertes Handeln.

Stellt man den richtigen Menschen zur richtigen Zeit die richtigen Fragen, so kann – davon ist der Ideenmoderator überzeugt – die beste übergreifende Lösung gefunden werden. Indem er sich auf den Moderations- und Ideenfindungsprozess konzentriert, nimmt er eine neutrale, aber fördernde Rolle ein. Er selbst streitet nicht um inhaltliche Positionen, sondern bewahrt die nötige Distanz, um die unterschiedlichen Ideen zu würdigen und zwischen verschiedenen Denkweisen zu vermitteln. Der Ideenmoderator stellt immer wieder zur Diskussion, inwiefern die vorgebrachten Ideen zur Verwirklichung der vorgegebenen Zielsetzung beitragen. Dabei ringt er um objektive Kriterien, um verschiedene Ideen zu vergleichen und zu bewerten. Auf diese Weise kann ein Change-Vorhaben für jeden Einzelnen als sinnstiftend erlebt werden, denn ein solches Verfahren ist transparent und nachvollziehbar und daher vertrauenswürdig. Diese Offenheit bildet die Basis für Motivation und Engagement bei allen Change-Beteiligten.

Der Ideenmoderator weiß zudem genau, dass so verstandene Partizipation keine Selbstverständlichkeit ist, sondern aktiv hergestellt und nicht selten gegen Angriffe verteidigt werden muss. Ihm ist bewusst, dass Partizipation Vertrauen, Sicherheit, gegenseitige Wertschätzung und ehrliche Absichten voraussetzt und in vielen Formen möglich ist. Er kümmert sich deshalb um die richtigen Instrumente und Formate, mit denen das möglich wird.

Für den Ideenmoderator liegt die Wurzel jeder Unternehmensstrategie in der Vergangenheit, in der ganz einzigartigen Situation und Prägung der Firma und in ihrem kollektiven Erfahrungs- und Wissensschatz verborgen. Die darin enthaltene Kraft will er herausarbeiten. Deshalb verbindet er alle für ein Change-Projekt relevanten Bereiche, integriert alle anderen Change-Typen in den Change-Prozess und seine Vorbereitung und sorgt für möglichst kluge und heterogene Verbindungen, weil sie das größte kreative Potenzial versprechen. Er achtet immer auf den Dreiklang der folgenden Aspekte:

- Welche Stärken bringen wir aus der Vergangenheit mit?
- Wohin wollen wir?
- Was haben wir auf dem bisherigen Weg gelernt?

Natürlich könnte sich der Ideenmoderator darum sorgen, dass die Ideen anderer seine Vorstellung von der Unternehmensstrategie und ihrer Umsetzung im Rahmen von Change-Projekten infrage stellen. Aber er überzeugt als ehrlicher Mensch und weiß, dass der strategische Schaden um ein Vielfaches höher wäre, wenn wertvolle, vielleicht sogar überlebenswichtige Ideen aus Mangel an Gelegenheit und aus Sorge vor Ablehnung oder Ideenraub nicht offenbart würden. Aus diesem Grund ist der Ideenmoderator mehr als bereit, für eine gewisse Zeit Kontrolle abzugeben und den schöpferischen Prozess der Dynamik der Gruppe zu überlassen.

Kreativität braucht Freiraum, und das auch außerhalb des Berufsalltags. Deshalb schafft der Ideenmoderator gezielt Zeiträume und Umgebungen, in denen sich begeisterungsfähige Menschen bereichsübergreifend, hierarchiefrei und ohne gedankliche Beschränkungen austauschen können. Das kann einmal pro Woche für anderthalb Stunden im Büro sein oder für einige Tage oder Wochen an einem speziell dafür vorgesehenen Ort. Der Ideenmoderator nutzt dabei bewährte Kreativitätsverfahren und bezieht möglichst viele Blickwinkel mit ein. Ihm ist bewusst, dass im ersten Schritt viele Ideen erzeugt werden müssen, um dann im zweiten Schritt durch systematische Bewertung und Priorisierung die vielversprechendsten von ihnen herauszufiltern.

Der Ideenmoderator begeistert sich für das Entstehen von Ideen und Lösungen, die niemand für möglich gehalten hätte. Er kämpft engagiert gegen Führungskräfte, die Informationsmacht für ein Führungsinstrument halten und sinnvolle Verbesserungsvorschläge ihrer Mitarbeiter nicht fördern, sondern blockieren. Er ermutigt Mitarbeiter und Kollegen, mit ausgewählten Kunden, Partnern und Thinktanks ein weit verflochtenes Netzwerk zu bilden, um frühzeitig neue Trends und Anforderungen zu erkennen und darauf reagieren zu können. Auch nach außen hat er – außer bei patentierbaren Konzepten – kaum Berührungsängste. Er hat erkannt, dass das schnelle und interaktive Austesten neuer Lösungen mit potenziellen Kunden und Geldgebern wichtiger ist, um Zusatznutzen zu schaffen und schnell sinnvolle Ideen zu verwirklichen, als Geheimniskrämerei bis zur Marktreife.

Weil er weiß, dass neue Ideen und Experimente den operativen Betriebsablauf massiv behindern können, etabliert der Ideenmoderator auch ein zweites Betriebssystem, wenn das nötig wird, etwa eines wie das beschriebene interne Innovationsnetzwerk. Denn er fragt sich: »Wenn ich etwas wirklich Neues für dieses Unternehmen schaffen muss, wer wären die besten und wichtigsten Mitarbeiter, die ich dafür einsetzen will?« Einer aus einer solchen Frage womöglich entstehenden Entwicklungskoalition – etwa als Innovationsnetzwerk – misst er den Auftrag zu, die relevante Erfahrung und kollektive Intelligenz des Unternehmens im Rahmen von Change-Projekten zu vernetzen und neue Ideen für fruchtbaren Wandel zu entwickeln. Der Ideenmoderator achtet dabei darauf, dass die Netzwerkteilnehmer die Bereitschaft verbindet, über den Tellerrand ihrer Tätigkeitsbeschreibung hinauszublicken, dass sie eine positive Einstellung zu Neuem, zur Veränderung, zur Unsicherheitstoleranz sowie zudem den Wunsch und die Fähigkeit haben, Impulse zu setzen, um einen zielgerichteten Wandel des Unternehmens in Gang zu setzen und ihn später auch zu halten.

Allerdings sind Menschen meist erst dann bereit, gewohntes Verhalten zu ändern, wenn der Leidensdruck groß oder zu groß wird. Das gilt auch für Unternehmen und ihre Akteure. Das aktuelle Geschäftsmodell, die derzeitige Vorgehensweise, die bekannten Zielsetzungen des Unternehmens – im Allgemeinen wird lange nichts davon hinterfragt. Zwar wird Bestehendes optimiert, Neues aber wird kaum geschaffen, vor allem dann nicht, wenn es dem Unternehmen – auf den ersten Blick betrachtet – (noch) gut geht. Doch in einer dynamischen globalisierten Wirtschaft, in der kaum etwas lange Bestand hat, ist eine solche abwartende Haltung zur Veränderung gefährlich. Oft nehmen in einer vermeintlich komfortablen Situation, in der eine solche Haltung typisch ist, schleichend die Begehrlichkeiten und Verteilungskämpfe zu, interne Konkurrenzkämpfe einzelner Bereiche werden häufiger, Silodenken entsteht. Das Change-Projekt rutscht in seinem bereits beschriebenen Lebenszyklus von der Blütephase in die Reifephase. Hier lauern für das Unternehmen potenzielle Gefahren, die jedoch oft übersehen werden: neue Angebote und technologische Möglichkeiten; sich verändernde gesellschaftliche Werte und dadurch verändertes Kundenverhalten; Zulieferer, die vertikal expandieren – um nur einige dynamische Umfeldfaktoren zu nennen, die ein Unternehmen vor große Probleme stellen können.

Diese Dynamik hin zur gefährlichen Reifephase hat auch für den Change-Typ des Ideenmoderators einige Bedeutung, und zwar aus folgendem Grund: In der der Reifephase vorgelagerten Blütephase hat meist der Change-Typ des Strukturierers das Sagen, ein Typus, der dazu tendiert, Change-Projekte eher professionell zu verwalten (siehe im Einzelnen dazu Kapitel 4). Gerade mit diesem Typus aber weist der Ideenmoderator einige Reibungspunkte auf. Denn der Strukturierer sieht den strategischen Nutzen für in seinen Augen unkontrollierbare Change-Prozesse – und darunter fallen für ihn auch schöpferische Prozesse – selten oder gar nicht. Er mag keine Experimente mit unsicherem Ausgang und sieht daher keine Veranlassung, in neue Ideen oder eine Vernetzung des kollektiven Erfahrungs- und Ideenpotenzials zu investieren.

> **Ideenmoderatoren bündeln ihre kollektiven Erfahrungen und ihr Wissen, um neue Geschäftsansätze und Lösungen zu entwickeln.**

Ein kluges Management wechselt daher schon während der Blütephase eines Unternehmens den Führungs- und Arbeitsstil: Ideenmoderatoren werden im Unternehmen im Allgemeinen und in Change-Projekten im Besonderen wichtiger, Strukturierer hingegen verlieren an Bedeutung. Im Idealfall werden fortan Ideenmoderatoren im Unternehmen identifiziert, um sie in einem heterogenen Team beziehungsweise zu einem Innovationsnetzwerk zusammenzuführen und so neue Geschäftsansätze und Lösungen zu entwickeln und auszuprobieren. Oder/und man gibt einzelnen Ideenmoderatoren die Chance, eigene Innovationsnetzwerke zu gründen und anzutreiben. Auf diese Weise wird – am besten rechtzeitig, also schon vor dem Eintritt in die Reifephase – eine Art organisationaler Lern- und Ideenturbo gezündet, der dem Unternehmen jenen fruchtbaren Wandel ermöglicht, den es nun unbedingt braucht.

> **Ideenmoderatoren und Macher stoßen gemeinsam die dringend notwendige Erneuerung im Unternehmen an.**

Sind die Organisationsstrukturen in einem Unternehmen jedoch zu starr, ist das Silodenken zu ausgeprägt und das interne Kompetenzgerangel zu heftig, besteht die Gefahr, direkt von der Blütephase in die Degenerationsphase zu rutschen. Eine evolutionäre, langsame Erneuerung ist in diesem Fall kaum noch möglich, sie mag zudem gebremst werden. Ausdruck einer solchen Konstellation ist, dass der Change-Typ des Strukturierers unternehmensweit und in Veränderungsinitiativen weiterhin das Sagen behält. Statt in Erneuerung und innovative Angebote zu investieren, läuft das Unternehmen so Gefahr, sich zu Tode zu sparen und zu optimieren – und so allmählich unterzugehen.

Dabei wären nun ein schneller, mutiger Wurf, eine Neupositionierung, ein neues Produkt, ein neues Angebot, neue Geschäftsmodelle wichtig. All dies könnte auch gelingen – und zwar mithilfe des Ideenmoderators, dessen Rolle gestärkt werden müsste. Doch nicht nur seine, denn in einer solchen Situation müssen, wie unsere Forschungen und Beratungen gezeigt haben, die Change-Typen Macher und Ideenmoderator Hand in Hand arbeiten. Nun nämlich sind neue Ideen *und* zielorientiertes Ausrichten und Zupacken gefragt. So gesehen sollte es das Topmanagement in einer solchen Situation ermöglichen, diese beiden Change-Typen zu stärken und wirken zu lassen, um so einen gerade noch rechtzeitigen Wandel aus dem Inneren der Organisation heraus zu unterstützen.

Insgesamt also bleibt festzuhalten: Das dritte Aktionsfeld zielgerichteten Wandels und der Change-Typ des Ideenmoderators stehen ganz im Zeichen der Innovation, des freien Denkens und der Schaffung von Spielraum, um frei von Barrieren und Hierarchien die Ideen für innovative Lösungen sprudeln zu lassen. Das Gelingen von Change-Initiativen hängt auch von ihnen ab.

Doch Change-Initiativen dürfen sich nicht in der Schwerelosigkeit der unendlichen Möglichkeiten verlieren. Irgendwann ist der

Punkt gekommen, an dem der notwendige Wandel in Form gebracht werden muss – aber nicht mit einem steifen Korsett, das die Initiative regelrecht einengt und ihr die Luft zum Atmen nimmt, sondern mit einer soliden, stützenden Struktur, an der sich alle Akteure orientieren können und die sich in den Arbeitsalltag und in die Unternehmenskultur integrieren lässt.

Wie dies erfolgreich geschehen kann, zeigt das vierte Aktionsfeld zielgerichteten Wandels.

● CHANGE STRUKTURELL INTEGRIEREN, PROZESSE VEREINFACHEN

Eine zentrale Herausforderung im vierten Aktionsfeld zielgerichteten Wandels besteht darin, ein ausgewogenes Verhältnis zwischen Planung und lernender Flexibilität zu finden. Oder anders ausgedrückt: Strukturiertes Projektmanagement in Transformationsphasen darf nicht zum administrativen Selbstzweck werden, sondern muss einen flexiblen Ordnungsrahmen bieten, der sich veränderten Bedingungen anpassen und neue Möglichkeiten entstehen lassen kann, um das Change-Ziel möglichst effizient zu erreichen, insbesondere aber organisationales Lernen auf dem Weg ermöglicht.

●● WIE ES NICHT GEHT

Oft allerdings gewinnt die Bürokratie die Oberhand, und die Prozesse verkomplizieren sich und werden starr, anstatt anpassungsfähig zu bleiben. Die Balance zwischen solider Projektplanung und lernender Flexibilität gerät mit Blick auf Change-Projekte vor allen Dingen aufgrund von vier Punkten aus dem Gleichgewicht.

●●● Change auf dem Papier statt echter Umsetzung

In unserer Forschung und im Rahmen unserer Beratungen sind wir immer wieder auf zwei Extrempole gestoßen, die Change-Projekte an den Rand des Scheiterns oder darüber hinaus bringen können: auf der einen Seite aktionistische Planlosigkeit – und auf der anderen Seite eine zentralistische Planung, die in der praktischen Umsetzung oft zu Starrheit und Unflexibilität führt.

Herrscht aktionistische Planlosigkeit, sind die Beteiligten so damit beschäftigt, ihre täglich wechselnden Prioritäten- und To-do-Listen abzuarbeiten, dass wichtige längerfristige Entwicklungen nicht antizipiert und nicht in ihre Arbeit integriert werden. Herrscht zentralistische Planung, kommt man niemals ins aktive Tun, Experimentieren und Umsetzen, weil kontinuierlich am perfekten Plan gefeilt wird oder Statusberichte ausgearbeitet werden – man strebt nach völliger Sicherheit und Kontrolle, etwas, was es im realen Leben und insbesondere bei Transformationen niemals gibt und vor allem nicht geben sollte!

Zu den Ursachen für Misserfolg mit Blick auf den zweiten Punkt – um den es in diesem Kapitel vor allem geht – gehört zuallererst der Wandel, der lediglich auf dem Papier stattfindet. Damit meinen wir insbesondere jenen Wandel, der nur in Form formulierter Strategien und Szenarien zu besichtigen ist, nicht aber real. Gerade große Organisationen mit umfassenden Organigrammen und ihren abgeleiteten festen Funktions- und Rollenzuschreibungen sind auch bei Change-Projekten in Gefahr, sich in diesem Wandel zu verlieren – oder besser: in diesem Pseudowandel.

Das hat Gründe. Denn Projektpläne und Organigramme haben keine Emotionen, keine persönlichen Ziele und keine eigene Meinung. Mit Projektplanungsprogrammen, Excel-Tabellen und Power-

Point-Charts lassen sich ganze Zielimperien entwickeln, ohne auch nur einen prüfenden Seitenblick auf jene Realität zu werfen. Faktisch jedoch tendieren sie dazu, eines zu ignorieren: dass Change-Projekte von Menschen mit Gefühlen, Ängsten, Leidenschaften und Bedürfnissen vorangetrieben werden – oder auch blockiert.

Lebt man vor allem in einer Welt solcher (Projekt-)Organigramme, Flowcharts und Tabellen mit ihren Klarheit suggerierenden Linearitäten, dann fällt es leicht, alle entscheidenden Faktoren so lange zu drehen und anzupassen, bis der Profit um den anvisierten Anteil angestiegen ist, bis also das errechnete oder einfach gezeigte Zielergebnis den Wünschen entspricht – so unrealistisch diese auch sein mögen. Das zeigt sich in Details. So verhindert etwa eine überdetaillierte Projekt- und Businessplanung häufig schon von Anfang an, dass die Change-Akteure aktiv mitdenken und hin und wieder einen Realitätscheck vornehmen, um das Veränderungsvorhaben gegebenenfalls zu kalibrieren. Mehr oder minder automatisch schalten stattdessen sowohl mittlere Manager als auch Mitarbeiter auf Dienst nach Vorschrift um, da bei einem fertigen Konzept und einer bereits festgezurrten Planung zur Umsetzung kein Anreiz mehr besteht, sich einzubringen. Der Chefstratege eines großen Dienstleistungskonzerns sagte uns in diesem Zusammenhang sehr plakativ: »Ich habe das früher selbst getan. Ja, ich habe tatsächlich gedacht, die Mitarbeiter würden sich freuen, wenn ich für sie schon alles bis auf die kleinste Aktivität heruntergeplant habe. Dass sie sich bevormundet und entmündigt fühlen, war mir überhaupt nicht bewusst.«

In der Folge solcher Verhaltensmuster werden bessere Möglichkeiten in Bezug auf Ergebnis und Vorgehen nicht gesucht, veränderte Rahmenbedingungen und Risiken oft nicht erkannt. Beide können im weiteren Projektverlauf zu erheblichen Ineffizienzen und Mehrbelastungen führen. Um etwa mit den als Folge falscher Entscheidungen auftretenden unrealistischen Zeitplanungen, falsch eingeschätzten Budgets oder nicht umsetzbaren Anforderungen fertigzuwerden, schaffen Unternehmen dann oft aus der Not heraus *Workarounds*, also manuelle Zusatzprozesse, welche die Komplexität für die späteren Nutzer nicht reduzieren, sondern im Gegenteil deutlich erhöhen. So bringt eine Change-Initiative am Ende keinen fruchtbaren Wandel, sondern eher Rückschritt, operatives Chaos – und Frustration.

Spiegel einer solchen bürokratischen Entwicklung ist in manchen Unternehmen ein entmenschlichtes Vokabular: Dort gibt es in Managementpräsentationen keine Mitarbeiter mehr, sondern »Personaleinheiten« oder »Vollzeitäquivalente«. Wenn dahinter die – in vielen Fällen unbewusste – Überzeugung steht, Strukturen würden Menschen prägen und nicht (zumindest auch) umgekehrt, dann wird verständlich, wenn eine Strukturveränderung schnell als starker Hebel und eigentliche Lösung von Veränderungsproblemen erscheint.

Ist das aber der Fall, fließen unendlich viel Zeit und Geld in die Erstellung von Organisationshandbüchern, Datenbanken und die Zertifizierung von Prozessen. Und die Köpfe vieler Führungskräfte werden so quasi »auf Kästchen« programmiert. Das heißt, sie – und auch die ihnen anvertrauten Mitarbeiter – werden in Organigrammen von Unternehmen und Change-Projekten verschoben, mit Berichtslinien versehen, ihre Bereiche und Projekte werden gleichsam mit Federstrichen geteilt und vergrößert. Das zeigt sich nicht selten daran, dass Heerscharen von Organisationsentwicklern in Workshops mit Mitarbeitern und überfordertem Führungspersonal diskutieren, was die verschobenen Kästchen für jeden Einzelnen bedeuten (könnten).

Hinzu kommt, dass – geprägt durch einen solchen Mindset – im Kontext von *top-down* geplanten Change-Initiativen oft zunächst neue Strukturen und Strategien entwickelt werden, die dann als Anlass für größere Personalrochaden dienen. Der neue Zuschnitt von

Bereichen und Abteilungen ist dann nicht selten ein willkommenes Argument, Verantwortlichkeiten zu verändern und neues Führungspersonal zum Zug kommen zu lassen. Change-Projekte werden so zu einem Vehikel, Managementpositionen neu zu besetzen – und zwar quasi durch die Hintertür, irgendwie verdeckt und doch für jedermann sichtbar. Dass das für die betroffenen Akteure mit Blick auf das ausgesendete Signal hochproblematisch ist, liegt auf der Hand. Denn zum einen werden sie nicht an der Entwicklung der neuen Ausrichtung beteiligt – was in der Konsequenz nicht selten zu erheblichen Verständnis-, Umsetzungs- und Motivationsproblemen führt. Und gerade jene, die beim Personalkarussell leer ausgehen, reagieren zudem oft mit offenem oder verstecktem Widerstand.

●●● Kontrollwahn statt Prozess-Sicherheit

Die Auswertung der in unseren Interviews genannten zahlreichen Beispiele aus dem betrieblichen Alltag zum ganz normalen Change-Wahnsinn zeigt überdeutlich, dass eine allzu bürokratische Vorgehensweise häufig nur mittelmäßige, meist jedoch eher schlechte Ergebnisse erzielt. Das geht so weit, dass Sprachregelungen bis ins Kleinste vorgegeben werden oder zentrale Einheiten detaillierte Richtlinien formulieren, wie »agiles Management« in der Praxis umzusetzen sei. Die Absurdität solcher Aktionen ist den handelnden Akteuren dabei häufig nicht bewusst.

Immer wieder wiesen unsere Gesprächspartner darauf hin, dass übertriebene Formalismen verhindern, dass neue Erkenntnisse und Informationen in das weitere Vorgehen einfließen. Und das ist auch verständlich. Denn in den standardisierten Kästchen etwa von Statusmeldungen sieht man sie nicht: die besseren Alternativen, die neuen Möglichkeiten und die effektiveren Wege, die zum besseren Aufsetzen eines Change-Projekts und seinem Gelingen beitragen könnten. Ein überdimensioniertes Projektmanagement, das starr an einmal festgelegten Schrittfolgen, Ergebnisspezifikationen und Formaten festhält, bürokratisch agiert und das Change-Projekt und im schlimmsten Fall die gesamte Organisation durch das Ausfüllen einer Unzahl von Mustervorlagen, Checklisten und Formularen lähmt, ist daher in jedem Fall kontraproduktiv.

➡️ **Komplexität ist die Geheimwaffe, um die Fähigkeiten im Unternehmen zu blockieren.**

Denn eines ist klar: In einem so agierenden Projektmanagement gibt es alles, was die Change-Akteure davon abhält, sich von Mensch zu Mensch im Unternehmen oder mit Kunden auszutauschen: Excel-Tabellen, Organigramme, Charts, Flussdiagramme und Statusberichte – und zwar im Überfluss. Statt sich Gedanken über den Zweck des eigenen und des unternehmerischen Handelns zu machen, wird in der Folge das Denken aller darauf gelenkt, wie die Statusberichte richtig auszufüllen sind und ob die Kalkulation frei von Rechenfehlern ist. Sehr selten wird dabei nach dem Sinn gefragt.

Der Vorstand eines DAX-Unternehmens beschrieb die überbordende Bürokratie so: »Bei uns gibt es, wie in vielen größeren Unternehmen, zentrale Projektoffices, in denen das Projektportfolio verwaltet wird. Der Projektplanungsprozess beginnt hier teilweise anderthalb Jahre vor dem Projekt. Das ist eine sehr aufwendige Formalie. Wer eine Projektidee hat, muss einen detaillierten Antrag ausfüllen, einen Business-Case erstellen, sich von der IT, der Rechtsabteilung und der Compliance ein positives Votum einholen, beim zentralen Projektoffice für seine Idee werben und so fort. Oft werden die Ideen dem Vorstandsgremium dann von Zentralisten präsentiert, die zu jeder Frage über

Sinn und Zweck nicht auskunftsfähig sind, sondern nur brav vom Antrag ablesen. Der Urheber der Idee sitzt in den meisten Fällen überhaupt nicht mit am Tisch! Ich frage Sie: Wer sollte sich diesen Stress freiwillig antun? Und wenn man eine zukunftsträchtige Idee hat, die kurzfristig zu realisieren wäre, heißt es schlicht: Bewerben Sie sich im nächsten Jahr. Das alles sind bürokratische Barrieren.«

Gerade der Versuch von Fachleuten, ein Projekt mit Implikationen für die IT anzuregen, wurde im Rahmen unserer Forschung häufig als sehr problembehaftet beschrieben: »Vorstudien müssen erstellt, Anforderungskataloge geschrieben und technische Details besprochen werden, die für Laien absolut unverständlich sind.« Der IT-Chef eines großen Mittelständlers sprach auch über die Auswirkungen auf das gesamte Unternehmen: »Wenn dann auch noch durch die Hintertür der IT die Entscheidung herbeigeführt wird, welche Projekte realisiert werden und welche nicht, werden die Prioritäten schnell nach der technischen Machbarkeit und weniger nach der marktgegebenen Notwendigkeit gesetzt. Das kann über längere Sicht ein Unternehmen zerstören.«

Überstrukturiertes Management von Change-Projekten lässt sich so beschreiben: Die von einem Planungsstab bis ins kleinste Detail vorgegebenen Meilensteine und Projektaufgaben werden mit standardisierten Berichtsblättern akribisch kontrolliert. Man gibt sich also der Illusion hin, die gesamte Zukunft könnte vollständig kontrolliert werden. Die Folge ist ein gefährliches Verhaltensmuster: Solange quasi eine grüne Ampel leuchtet – etwa weil Meilensteine, dokumentiert durch formal richtig ausgefüllte Statusberichte, erreicht wurden –, passiert nichts. Denn das starre System signalisiert, es gäbe keinen Handlungsbedarf. Es werden Listen abgehakt, statt im Dialog neue – unplanbare – Chancen und Risiken zu suchen. In der Folge wird weitergemacht wie bisher, obwohl womöglich bereits während des Aufleuchtens der grünen Ampel durch waches Hinschauen erkennbar gewesen wäre, dass an manchen Projektstellen Gefahren lauern.

Ein erfahrener Manager großer IT-Projekte im öffentlichen Dienst sagte uns dazu: »Ein Problem sind die Verhaltensmuster im Projektmanagement. […] Ich komme meistens als Feuerwehr in Projekte, die viel zu lange grün waren – und schlagartig auf Dunkelrot geschaltet werden. Das liegt daran, dass es einen gewissen Druck gibt, Erfolgsberichte abzugeben oder nicht aufzufallen. Den Status eines komplexen Projekts in einer Telefonkonferenz aussagekräftig wiederzugeben ist so, als wolle man Tolstois *Krieg und Frieden* in drei Minuten zusammenfassen. Es geht nicht. Also reden sich die Projektverantwortlichen so lange wie möglich ein: Alles im grünen Bereich.«

Das rächt sich häufig. Denn sobald im späteren Laufe eines Projekts Dinge eintreten, die vom Planungsstab zu einem lange zurückliegenden Zeitpunkt nicht vorhergesehen wurden oder werden konnten, und der Projektleiter daraufhin die Ampel auf Gelb oder Rot setzt, eskaliert die Situation nicht selten: Es wird geschimpft, es wird nach Schuldigen gesucht, man zeigt mit dem Finger aufeinander, die Projektverantwortlichen werden internen Tribunalen unterzogen und sind so sehr mit der Vergangenheitsbewältigung beschäftigt, dass für eine schnelle, zukunftsgerichtete Lösung des aufgetretenen Problems keine Zeit mehr bleibt.

Der Grund ist klar: Wer meint, die Zukunft mit starren Regeln in den Griff bekommen zu können, vergisst, dass die Zukunft immer ungewiss ist. Er verlernt, angemessen auf überraschende Dinge zu reagieren, auf die schnell eine Lösung gefunden werden muss. Er verliert die Neugier an neuen Möglichkeiten und Herausforderungen. Stattdessen reagiert er mit Aggression, Schuldzuweisungen und Ähnlichem.

»Aus Statusberichten kann man nur einen kleinen Teil der Wahrheit herauslesen.«

Schlechtes Projektmanagement zählt zu den Hauptfaktoren des Scheiterns von Change-Initiativen. Und »schlecht« heißt dabei nicht, zu wenig zu tun, sondern das Falsche. Insbesondere eine unzureichende Ausstattung von Change-Projekten mit Zeit und Ressourcen, zu knappe Projektvorlaufzeiten, die Unterschätzung der Komplexität, schlecht definierte Anforderungen, die unzureichende Nutzung der Erfahrung aus anderen Projekten sowie Änderungen nach Projektstart wurden von unseren Gesprächspartnern als Gründe für das Scheitern angeführt.

Starre Projektmanagementstrukturen, die sich in Formalitäten und Bürokratie zeigen, sind dabei die typischen Bewältigungsstrategien, um Komplexität zu handhaben und mit Unsicherheit umzugehen. Gerade zentrale Stäbe, die in größeren Unternehmen oft wichtige Projekthoheiten haben, können mit pragmatischen Notwendigkeiten im Alltag nicht umgehen. Denn was nützt es, wenn Kunden und Mitarbeiter in (Stereo-)Typen unterteilt werden, wie dies häufig geschieht, oder Idealprozesse definiert werden, bei denen dann davon ausgegangen wird, die Anwender seien einigermaßen problemlos in ein vorgegebenes Schema zu pressen? Ein Geschäftsführer berichtete uns höchst illustrativ, was dabei am Ende oft herauskommt: »Die Projekte, die tatsächlich umgesetzt werden, werden in vielen Fällen überadministriert: Es wurden Projektstandards und Projekt-Compliance-Richtlinien erlassen, die einzuhalten sind. Auf den wöchentlichen Projektsitzungen werden gemeinschaftlich To-do-Listen abgehakt, offene Punkte werden markiert, wöchentliche Reportings im einheitlichen Format sind zu befüllen, Projektbudgets werden kontrolliert. Schneller, als einem lieb ist, steht nicht mehr die Sinnhaftigkeit der Projektaktivitäten im Mittelpunkt, sondern die formale Richtigkeit der ausgefüllten Dokumente.«

Ohne ein durchdachtes und gut aufgesetztes Projektmanagement ist jedes Change-Vorhaben von vornherein zum Scheitern verurteilt, daran besteht kein Zweifel – und das belegen auch unsere Erfahrungen sowie die Ergebnisse unserer Befragungen. Entscheidend ist jedoch, den Umfang eingesetzter Projektmanagement-Tools kritisch zu hinterfragen und Flexibilität zu ermöglichen. Wie so oft gilt: Die Dosis macht das Gift.

Um komplexe Projekte zu managen, reicht es allerdings auch nicht aus, den Mitarbeitern auf dem Gang stets nett und aufmunternd zuzulächeln und ihnen einmal pro Woche im Meeting auf die Schulter zu klopfen. Gekonnt eingesetzte Projektmanagement-Tools sind für das Gelingen einer Change-Initiative unserer Erfahrung nach unabdingbar. Wenn beispielsweise eine Ampelkennzeichnung hilft, die beteiligten Projektteams und -mitarbeiter zu organisieren und zu disziplinieren, sollte sie auch eingesetzt werden. Wichtig ist dabei zu verstehen, dass diese Tools lediglich Mittel zum Zweck und durchaus nützlich sind, solange sie in vernünftiger Dosis und nicht exzessiv zum Einsatz kommen und nicht vor lauter Vorgaben und Vorlagen die wesentlichen Faktoren übersehen werden: die menschliche Komponente und die Gruppendynamik in Projekten.

●●● Zahlen- statt Inhaltsfokussierung

Eine Variante der für Change-Projekte schädlichen Kontroll- und Planungsformate ist die Fokussierung auf Kennzahlen und Excel-Sheets, die Sicherheit und Professionalität vortäuschen. Im Extremfall beschränkt sich mit dieser Fokussierung das Augenmerk der Change-Akteure auf Instrumente. Sie entwickeln so einen Tunnelblick, bei dem alles ausgeblendet wird, was nicht mit diesen Tools sichtbar wird. Dabei werden nicht selten ausschließlich quantitative Ergebnisse auf der Ertragsseite als Messgrößen für den Projekterfolg herangezogen. Das vermittelt zwar ein gefühltes Maß an Sicherheit und Kontrolle, führt aber – wenn überhaupt – nur durch Zufall zu den erwünschten Effekten.

Natürlich gilt: Die Steuerung eines Unternehmens ist ohne Kennzahlen und aggregierte quantitative Analysen undenkbar. Dennoch gilt aber auch: Für die Entwicklung, die Planung und das Gelingen von operativen Change-Prozessen braucht man das genaue Gegenteil von Verdichtung. Hier ist es essenziell, die Details, den Kontext und die handelnden Personen zu kennen. Und das ist gar nicht so einfach. Gerade in größeren Organisationen wird einiges dafür getan, damit das Topmanagement nichts von denen erfährt, die das Projekt täglich umsetzen. Zentralisten und mittlere Managementfunktionen agieren hier als Übersetzer, und es wird Stille Post gespielt. So gehen dem Topmanagement wichtige Informationen verloren. Dabei kann manchmal ein aufmerksamer Blick in das Gesicht eines Projektleiters mehr über den Status eines Change-Projekts verraten als die Ampelfarben im Statusbericht.

●●● Lokale Optimierung statt Gesamtoptimum

Hinderlich für das Gelingen von Change-Projekte ist auch, eine Vielzahl von Projekten gleichzeitig anzustoßen, sodass jeder Change-Akteur nur noch nach gleichsam lokaler Optimierung strebt, statt auch das gesamte Unternehmen im Blick zu behalten. Dass eine Vielzahl von Projekten gleichzeitig angestoßen und auch in Angriff genommen wird, kommt häufig vor. Verschiedene Abteilungen arbeiten dabei nicht selten an ähnlichen Projekten und Prozessen. Und da sie sich in der Folge teilweise gegenseitig behindern oder Budgets blockieren, gelingt die Umsetzung der Change-Initiativen oftmals nicht. Stattdessen fließen viel Arbeit und Energie in langwierige Abstimmungsprozesse. Die Folge sind nicht nur Überforderung und Frustration aller Beteiligten, sondern auch ein zunehmendes Misstrauen in die Sinnhaftigkeit der Change-Prozesse. Der Vorstand eines internationalen Softwareunternehmens erzählte uns dazu: »Je größer unsere schnell wachsende Organisation wird, umso mehr dienen Change-Initiativen der lokalen Optimierung. Ich bekomme vom Vertriebsvorstand jenes Programm vorgeschlagen, vom Produktionschef ein anderes, und der IT-Vorstand möchte ein neues Kernsystem einführen. Die dahinter stehenden Eigeninteressen von den Unternehmensinteressen zu differenzieren und abzuschätzen, welche Lösungen den größten Gesamtnutzen schaffen, ist oft nur durch Intuition und Vertrauen möglich.«

➡ Projektwildwuchs führt zu Verwirrung. Niemand kann mehr als eine Handvoll Projekte gleichzeitig im Blick haben.

Change-Initiativen können auch den internen Konkurrenzkampf schüren. Das wird in folgendem Beispiel deutlich: Größere Unternehmen werden nicht selten mit dem Organisationskonzept interner Profitcenter gesteuert. In einem solchen Organisationskontext dienen Change-Maßnahmen oft dazu, Kostenblöcke in andere Bereiche und Kunden samt ihren Erträgen in den eigenen Bereich verschieben zu wollen. Das kann dazu führen, dass Change mit Strukturveränderungen oder dem beschönigenden Wort »Organisationsentwicklung« gleichgesetzt wird und in der Folge interne Controlling-Überlegungen weit wichtiger sind als der Nutzen, der dadurch für die Endkunden oder die Change-Akteure im Unternehmen geschaffen wird.

Eine Abschottung während des Aufsetzens von Change-Projekten und die Vermeidung der vorbeugenden Konfrontation mit der Wirklichkeit sind dabei typische Fehler. Change-Prozesse sind zwar meist nach innen gerichtet, haben aber große Auswirkungen nach außen. Dabei werden die Risiken und Nebenwirkungen häufig übersehen. So hat etwa im Bankensektor die kostengetriebene Verlagerung der Abwicklung im Kundenverkehr auf Automaten und Onlinebanking großflächig die persönlichen Kundenkontakte eliminiert. Wo zuvor der Berater im persönlichen Gespräch in der Schalterhalle Informationen über den aktuellen Bedarf seiner Kunden gesammelt hatte, bleibt dieses Wissen der Bank jetzt verborgen.

Was in diesem Beispiel das Ergebnis von über viele Jahre hinweg stattfindendem Wandel war und entsprechend langsam zum Vorschein kam, kann in anderen Change-Projekten sehr schnell zum Problem werden. Etwa wenn Change-Projekte etablierte Abläufe stören, Kundenverantwortung verschieben, weniger Service erlauben und dadurch Kunden plötzlich zu Opfern des Change-Prozesses werden. In anderen Fällen zielen Change-Prozesse ganz direkt auf mehr Kundennutzen und -zufriedenheit, unterschätzen aber den Schulungs- und persönlichen Entwicklungsbedarf bei den Mitarbeitern. Denn es ist klar: Man kann nicht aus jedem Callcenter-Mitarbeiter über Nacht einen Beratungsexperten machen.

Was für Change-Initiativen Gift ist

- **Geduldiges Papier:** Ausgefeilte Strategiepapiere, in denen die Absichten der geplanten Change-Initiative wohlformuliert festgehalten sind, sind gut und schön. Doch wenn den Worten keine Taten folgen, kann es keinen fruchtbaren Wandel geben.

- **Überbordende Bürokratie:** Die exzessive Nutzung von Projekt-Tools lähmt die Organisation, denn diese Form von Kontrollwahn sorgt lediglich dafür, dass sich die Change-Akteure auf das korrekte Ausfüllen von Vorlagen konzentrieren. Doch die Werkzeuge sind Mittel zum Zweck, nicht der Mittelpunkt des Change-Geschehens.

- **Trügerische Sicherheit:** Wenn sich die Aufmerksamkeit aller auf Zahlen, Daten, Fakten beschränkt, kommt es zu einem Tunnelblick, der die wesentlichen Erfolgsfaktoren für zielgerichteten Wandel ausblendet.

- **Unzähmbarer Projektwildwuchs:** Wird eine Vielzahl von Projekten gleichzeitig angestoßen, streben die beteiligten Change-Akteure nur noch nach lokaler Optimierung, statt das große Ganze und damit das Wohl des Unternehmens im Blick zu behalten.

●● WIE ES GEHT

Im vierten Aktionsfeld zielgerichteten Wandels steht angesichts der genannten Gefahren für den Erfolg von Change-Initiativen die Frage im Mittelpunkt, wie es gelingen kann, Veränderung wirksam in den Geschäftsbetrieb zu integrieren, ohne dass das Change-Vorhaben Überstrukturiertheit und überflüssige Komplexität hervorruft. Damit rücken die praktische Umsetzung sowie Einfachheit und Verständlichkeit in den Vordergrund.

●●● Ein Weniger, das mehr ist

Unsere Forschung, unsere Tiefeninterviews und unsere Beratungserfahrung haben es gezeigt: Veränderungen sollten zunächst in kleinen, überschaubaren Schritten und möglichst einfach eingeführt werden, um dann von den Akteuren im Geschäftsalltag tatsächlich übernommen und gelebt werden zu können. Eine Überforderung von Management und Belegschaft durch immer neue Initiativen führt selten zum Erfolg. Der Gesellschafter eines wachstumsstarken mittelständischen Weltmarktführers meinte dazu: »Wir haben jährlich zwei bis drei Change-Initiativen. Mehr halte ich für nicht sinnvoll. Wenn mal ein Bereich grundlegend überarbeitet wurde, brauchen die Mitarbeiter einige Jahre Ruhe und Konstanz, um sich auf ihre täglichen Aufgaben zu fokussieren und ständig zu verbessern.«

➡ **Keine Organisation verträgt mehr als drei größere Veränderungsinitiativen pro Jahr.**

Es gilt als ein Erfolgsrezept von Jack Welch – des legendären, oft als besten Manager der Welt bezeichneten ehemaligen CEOs bei General Electric –, dass er jedes Jahr unter ein einziges Schwerpunktmotto stellte und damit erreichte, dass sich das Bewusstsein der gesamten Organisation für zwölf Monate auf einen wichtigen Aspekt, beispielsweise den Kundenservice, fokussierte. Die Aufmerksamkeit von Menschen ist flüchtig, und umso bedeutender ist die Aufgabe des Managements, die Mitarbeiter nicht noch zusätzlich mit irrelevanten Informationen zu überfluten und zu verwirren. Jack Welch hatte das verstanden.

Ebenso hatte er verstanden, dass wir alle nur ein bestimmtes Maß an Veränderung in einem bestimmten Zeitintervall verdauen können.

Und das ist verständlich. Denn wenn ein Mensch das Gefühl hat, alle seine bisherigen Erfahrungen und Kenntnisse seien angesichts der neuen Herausforderung kaum noch etwas wert, bekommt er Angst, gerät unter Stress und ist geistig nicht mehr leistungsfähig. Ein entsprechender Dauerzustand führt in das Burn-out. Hat jemand das Gefühl, er lerne nichts mehr hinzu und habe keine Perspektive zur Weiterentwicklung, wird er gelangweilt und fühlt sich auf Dauer unbedeutend, was langfristig zum Bore-out führen kann, also zum Ausbrennen durch Unterforderung.

Aus Unternehmenssicht sind beide Extreme zu vermeiden. Dabei gilt die Faustregel, dass 90 Prozent des nötigen Verhaltens erfahrungsbasiert und zehn Prozent neu sein sollten, um das optimale, motivierende Verhältnis zwischen Erfahrung und Herausforderung zu erreichen. Der ungarisch-amerikanische Psychologe Mihaly Csikszentmihalyi hat dies als »Flow-Kanal« beschrieben.[12]

Zielgerichtetes Change-Projektmanagement hat in Zeiten des Informationsüberflusses demnach die Aufgabe, Informationen zu filtern, sie auf das Wesentliche zu reduzieren und entsprechend gezielt an die jeweiligen mittleren Manager sowie Mitarbeiter weiterzugeben. Ein Informations-Overkill, der zu Überforderung führt, sollte also vermieden werden.

Wenn das aber so ist, dann muss die erste und wichtigste Frage einer angedachten Change-Initiative sein: Ist sie überhaupt notwendig? Erfahrene Unternehmer haben in Interviews mit uns in diesem Zusammenhang häufig »mehr Mut zur Banalität« gefordert. Für sie gilt es klug zu fragen: Braucht es wirklich ein aufgebauschtes »Sales-Excellence-Programm«, wenn am Ende die wichtigste Einflussgröße mehr Gespräche zwischen Kunde und Berater sind? Oder kann es einer guten Führungskraft auch anders gelingen, ihre Mitarbeiter zu ermutigen, in Kontakt mit Kunden zu treten und gute Beratungsgespräche zu führen? Braucht es eine groß angelegte »Customer-Centricity-Offensive« über ein halbes Jahr oder länger, nur um die Kunden an der Kasse auf ein neues Punktesammelprogramm aufmerksam zu machen? Einer unserer Gesprächspartner brachte es im Interview so auf den Punkt: »Muss ich ein halbes Jahr lang eine ganze Organisation verunsichern und die emotionale Keule schwingen, nur um am Ende banalste Botschaften an die Frau oder den Mann zu bringen?«

Unternehmen, die bereits vor dem Aufsetzen einer Veränderungsinitiative diese konsequent bis zum konkreten Verhalten im Kontakt durchspielen, womöglich sogar in Form von Improvisationsübungen oder Tiefenbefragungen, erkennen oft, dass der große Unterschied in kleinen Details liegt, die im Grunde keine groß angelegte Change-Initiative erfordern, sondern auch auf anderen Wegen erreicht werden können. Sie sparen auf diese Weise Unsummen, die in andere strategische Innovationen investiert werden können.

Kleine Taten, große Wirkung

In vielen Situationen bewirkt ein einziger spezifischer Satz mehr als eine groß angelegte Change-Kommunikationsaktion, die mehr Verwirrung als Nutzen stiftet.
So etwa bei einer großen Bäckereikette, die ihren Umsatz von heute auf morgen um mehr als 15 Prozent steigert – mit einem »Change-Programm«, das nicht einen Cent kostet. Der Inhaber dieser Kette bittet dabei seine Führungskräfte, das Verkaufspersonal bei jedem Kundenkontakt zu einem simplen zusätzlichen Satz zu ermutigen: »Darf's sonst noch etwas sein?« Dieser eine Satz ist für die Verkäufer an der Theke genau das richtige Maß an Change. Die Maßnahme ist spezifisch, die Betroffenen

> müssen gegenüber dem Status quo nur wenig ändern,
> und es gibt lediglich eine neue Sache, die sie nicht ver-
> gessen dürfen. Mit der spezifischen Nachfrage bewirken
> sie mentale Prozesse, die von der Verhaltenspsychologie
> erkannt und bewiesen sind: Kunden – üblicherweise Ge-
> wohnheitskäufer, die immer das Gleiche beim Bäcker
> holen – werden so aus ihrem Trott gerissen, treten einen
> Schritt zurück und betrachten noch einmal bewusst die
> Auslage und entdecken »plötzlich« neben den Brötchen,
> die sie jedes Wochenende zu holen pflegen, weitere
> leckere Backwaren.
> Die Einführung einer solchen simplen Zusatzfrage un-
> terbricht demnach erfolgreich habitualisierte Muster
> und führt eben dadurch zu mehr Umsatz für die Groß-
> bäckerei und gleichzeitig zu einer höheren Zufriedenheit
> der Kunden. Solche einfachen »Change«-Maßnahmen
> kosten nichts, sie verwirren nicht, und sie wirken sofort.

Zielgerichteter Wandel hat sehr häufig etwas damit zu tun, Manager ebenso wie Mitarbeiter aus ihrem unbewussten, habitualisierten Handeln herauszuholen und ihre bewusste Aufmerksamkeit auf den entscheidenden Aspekt der Change-Initiative zu lenken. Eine Vertriebsorganisation kann beispielsweise ihre Effektivität massiv erhöhen, wenn Verkäufer bei Kunden, die einen Vorwand bringen, warum sie sich noch nicht für ein Produkt entscheiden können, eine einzige Zusatzfrage stellen: »Gibt es vielleicht noch etwas, was erfüllt sein müsste, damit Sie das Produkt mit gutem Gewissen kaufen könnten?« Genau diese Frage führt in vielen Fällen dazu, dass das Bewusstsein des Kunden vom Vorwand zum tatsächlichen Einwand gelenkt wird. Hat er beispielsweise eben noch gesagt, er wolle sich das noch einmal überlegen, wird er jetzt zugeben, dass er gerade das nötige Geld nicht hat. Und schon kann der Verkäufer mit ihm über Zahlungsbedingungen, ein Darlehen oder eine Ratenzahlung sprechen und das Geschäft abschließen.

➤ **Das Management sollte sich verpflichten, komplexe Prozesse und Strukturen radikal zu vereinfachen.**

Fokussierung auf Weniges und Einfaches bedeutet nach unseren Erkenntnissen:

- Ein bis maximal drei Veränderungsprogramme pro Jahr, die sich am übergeordneten Unternehmensleitbild orientieren und deren Konsequenzen für alle Bereiche durchdacht sind.
- Anschauliche, konkrete Schilderung des Verhaltens nach Veränderung pro Zielgruppe im Unternehmen.
- Definition aller neuen Abläufe und Verhaltensweisen konsequent aus Sicht des Anwenders, insbesondere an den Schnittstellen zwischen Systemen und Bereichen.
- Fokus auf jene Aspekte, die zu konkreten, erkennbaren Vereinfachungen für alle Change-Akteure führen.
- Identifikation der Schlüsselsituationen, die über Erfolg oder Misserfolg entscheiden. Die Faustregel lautet: 90 Prozent aller bestehenden Abläufe und Verhaltensweisen beibehalten, maximal zehn Prozent – jene mit dem größten Zusatznutzen – verändern.
- Intensiver Austausch, gegenseitiges Erklären und Einüben dieser Schlüsselsituationen, sei es nun ein neuer Kundenberatungsprozess, ein neues Softwaresystem oder die Einhaltung der vereinbarten Compliance-Regeln.

●●● Projektteams, die den Unterschied machen

Topmanager und Führungskräfte haben, wie schon ausgeführt, auch die Funktion, Visionen für ihr Unternehmen und ihre Change-Projekte zu entwickeln und diese in konkrete Ziele zu übersetzen. Für die Wirklichkeit indes hält eine Kienbaum-Studie nicht von ungefähr fest, dass sie »ihre Rolle als Visions- und Zielvermittler mehr ausfüllen und ihre Vorbildfunktion stärker wahrnehmen (sollten). Führungskräfte sind gut darin beraten, ihren Mitarbeitern in einer Rolle als Coach und Personalentwickler zu begegnen«.[13] Nur so können diese auch für schwierige und längere Change-Vorhaben gewonnen werden.

Kein Zweifel, Menschen zu überzeugen kostet kurzfristig betrachtet mehr Zeit, als ihnen einfach eine Vorgabe zu machen. Bezieht man allerdings den Kraft- und Zeitaufwand mit ein, der bei Projekten aus unklaren Zielsetzungen und Rollen, aus Missverständnissen und ungelösten Konflikten im Zeitverlauf auftritt und häufig zum Scheitern der gesamten Change-Initiative führt, lohnt sich der stärkere Zeit- und Überzeugungsaufwand zu Projektbeginn fast immer. Das Management hat sich dabei zu fragen: »Welche Rolle spielen wir bei der Steuerung von Veränderungsprozessen beziehungsweise mit Blick auf die möglichst effektive Verwirklichung des angestrebten Zielzustands eines Change-Projekts?«

Die Zuweisung beziehungsweise die Zuschreibung von Rollen im Allgemeinen haben stark mit den spezifischen Erfahrungen und Stärken des Einzelnen zu tun sowie mit seiner Persönlichkeit. Das gilt für Manager und Mitarbeiter gleichermaßen. Zugewiesene Rollen im Kontext von meist neben dem normalen Betriebsalltag laufenden Veränderungsprojekten unterscheiden sich dabei deutlich von einer formalen und fixen Tätigkeitsbeschreibung. Um ein Gelingen von Change-Projekten zu ermöglichen, sollte sich das verantwortliche Management bei ihrem Aufsetzen in jedem Fall die Mühe machen, zentrale Rollen auf das individuelle Profil konkreter Mitarbeiter zuzuschneiden, also bei der Auswahl der Mitarbeiter deren spezifische Erfahrungen, Stärken und Persönlichkeit im Blick zu haben. Der Geschäftsführer eines großen mittelständischen Unternehmens unterstrich im Interview diese Wichtigkeit der richtigen Auswahl so: »Ich lasse mir viel Zeit und gebe mir Mühe, die richtigen Leute auszuwählen. Sie sind die Träger des Prozesses. Sie müssen sich gemeinsam auf ein Ziel verpflichten. Der Weg dahin muss offen bleiben, um nicht Möglichkeiten zu übersehen. Das Ziel muss immer gemeinsam erarbeitet werden.«

Grundvoraussetzung für ein erfolgreiches Veränderungsprojekt ist also die Auswahl der richtigen Mitarbeiter. Umgekehrt heißt das: Wenn Projekte nach dem Prinzip »Wer gerade nichts zu tun hat, ist dabei« besetzt werden, liegt darin bereits die Saat für den Misserfolg. Das gilt auch etwa für Fälle, wenn Mitarbeiter, für die man nach einer Auslandsentsendung nicht rechtzeitig eine adäquate Anschlussposition im Stammhaus findet, jetzt erst einmal ein »spannendes« Projekt machen dürfen. Das kann nicht funktionieren beziehungsweise es funktioniert nur sehr selten. Change-Projekte brauchen in besonderem Maße kompetente Überzeugungstäter. Schließlich stellen sie immer eine außergewöhnliche Herausforderung dar, die die Bereitschaft für ein flexibles Vorgehen bei unerwarteten Wendungen und überdurchschnittlichen Einsatz erfordert. Ähnliches berichtete uns der langjährige CEO eines Energiekonzerns: »Ich habe über die Jahre viel Lehrgeld zahlen müssen, bis ich begonnen habe, den Prozess wieder vom Kopf auf die Füße zu stellen: Erst die Menschen zusammenzusuchen, mit denen ich als CEO die Zukunft der Firma gestalten möchte, und dann zu handeln. Das verlangt Ehrlichkeit. Es ist in den letzten Jahren mehrere Male vorgekommen, dass ich auch altgedienten

Managern sagen musste: Sie und ich – das passt hier einfach nicht zusammen.«

Am besten ist es, wenn jene Kollegen, die für die Mitarbeit an einem Change-Projekt ernsthaft in Betracht kommen, in die Formulierung ihres Rollenprofils eng eingebunden werden und es in einem moderierten Verfahren selbst mit ausbuchstabieren. Denn so werden nicht nur mehrere Sichtweisen einbezogen, es werden auch die nötigen Verantwortlichkeiten von Grund auf umrissen. Zwar widerspricht dieses Verfahren dem sonst meist anzutreffenden, es führt jedoch zu einer höheren Identifikation des Einzelnen mit seinen Projektaufgaben und hilft, diese besser zu erfassen. Der Bereichsleiter IT in einer Bank berichtete uns in diesem Zusammenhang: »Man muss im Vorfeld die Perspektiven und Denkweisen der betroffenen Akteure berücksichtigen, um Veränderung realitätsgerecht zu planen und Zusammenhänge zu erkennen. Das bedeutet nicht, Spekulationen und Gerüchten Raum zu geben. Es bedeutet, im Vorfeld die richtigen Fragen zu stellen und den nachweislich wichtigsten Faktor für den Erfolg nicht außer Acht zu lassen: die Emotionen der Akteure, die gerade bei IT-Projekten extrem sind, weil viele zeitfressende Hürden für Nicht-Experten nur schwer nachzuvollziehen sind.«

Im Folgenden haben wir aus den Interviews zusammengetragen, welche pragmatischen Fragestellungen bei der Beschreibung von Rollenprofilen helfen können – sowie bei der Beurteilung dessen, ob man selbst (oder andere) für ein spezifisches Projekt oder eine spezifische Projektaufgabe in Betracht kommen könnte.

- Für welches Thema brenne ich?
- In welchen Bereichen bin ich Experte und verfüge aufgrund meiner Historie über Erfahrungen und Kenntnisse, die dem Projekt nützen?

- Welche Art von Tätigkeit im Projekt motiviert mich am meisten? Bin ich eher der Analytiker, der Visionär, der Entscheider, das Organisationstalent oder derjenige, der für den Zusammenhalt und das konstruktive Miteinander im Team sorgt?
- Für welche Ergebnisse bin ich bereit, die Verantwortung zu übernehmen?
- Welche nützlichen Kontakte und hilfreichen Instrumente kann ich einbringen?

Die erfolgreiche Umsetzung einer Change-Initiative steht und fällt also auch damit, die richtigen Mitarbeiter im Team zu haben. Das verwundert nicht, denn die Arbeit an Change-Projekten ist intensiv, und nur wer mit Begeisterung dabei ist, kann hier langfristig bestehen. Sind die richtigen Mitarbeiter an Bord, gilt es, ihnen Sicherheit und Berechenbarkeit durch klar definierte Spielregeln zu geben. Das ist zweifellos eine weitere zentrale Management- und Führungsaufgabe.

••• Klare Spielregeln, die Sicherheit geben

Sorgfältige Planung und ein professionelles Projektmanagement stehen im Zentrum eines jeden Change-Projekts. Allerdings ist die Zukunft immer unbekannt und durch dynamische Veränderung geprägt, sodass auch die Projektplanung immer unter unvollständiger Information stattfindet. Ein wesentlicher Erfolgsfaktor ist daher die Fähigkeit, den Weg zum Projektziel laufend flexibel anpassen zu können, ohne das angestrebte Ziel aus den Augen zu verlieren.

Die zugewiesenen beziehungsweise identifizierten Rollen der Change-Akteure müssen dabei durch Spiel- und Entscheidungsregeln ergänzt werden. Das ist gerade in Unternehmen nicht immer einfach, wie der Leiter des Bereichs »Strategie und Business Development«

eines großen deutschen Mittelständlers im Interview mit uns zusammenfasste: »Der Rekordmeister FC Bayern München hat es relativ einfach: Das Ziel heißt, zu gewinnen – jedes Spiel, jeden Titel, jeden Rekord. Jedes Vereinsmitglied kennt dieses Ziel und kann beim Schlusspfiff sagen, ob es erreicht wurde. Ein entscheidender Unterschied zu uns: Im Sport sind die Ziele durch Spielregeln klar definiert. Wir hingegen in der Wirtschaft stehen immer wieder vor dem gleichen Problem: Wir haben es mit wechselnden Rahmenbedingungen zu tun. Und oft agieren die Beteiligten nach eigenen Spielregeln, die sie nicht offen ansprechen, weil sie denken, dass alle Menschen nach ähnlichen Regeln handeln, oder weil sie nicht das Forum dafür bekommen.«

Während die Beschreibung und Zuweisung einer Rolle die (potenziellen) Projektmitarbeiter von vornherein mit einbeziehen sollte, verhält es sich bei den Spielregeln, die die Change-Projektarbeit leiten sollen, anders. Diese sollten klar und unmissverständlich vorgegeben werden, denn je klarer und unmissverständlicher sie sind, desto eher ist die Zusammenarbeit für alle berechenbar. Gerade weil neue Ziele häufig auch neue Herausforderungen darstellen, wünschen sich die meisten Menschen Vorgesetzte, die sich der Aufgabe des Wandels souverän, verlässlich und eindeutig stellen – auch mit Blick auf die Kommunikation klarer Spielregeln.

Dazu sagte uns der Bereichsleiter eines internationalen Mischkonzerns: »Die Analogie mag zwar etwas martialisch sein, aber im Krieg, wo Soldaten in Lebensgefahr handeln, erwarten sie einen Führer, der ihnen durch Bedacht und kluge Entscheidungen Sicherheit gibt. Dazu sind persönliche Reife, innere Stärke und Zielklarheit erforderlich. Jeder muss wissen, wie viel er selbst entscheiden kann und wo seine Grenzen sind. Vielen, gerade jüngeren Führungskräften, fehlt es häufig noch an diesen Kompetenzen. Aus diesem Grund ist es zweifelhaft, junge Führungskräfte mit Change-Aufgaben zu betrauen.

Sie haben zwar den Vorteil, dass sie häufig noch sehr belastbar und einsatzwillig sind, allerdings leiden sie und andere oft sehr darunter, dass sie noch unsicher sind und diese Unsicherheit auch ausstrahlen.«

Folgende sieben Spielregeln für Führungskräfte haben sich bewährt, wenn es darum geht, das Gefühl von Sicherheit im Rahmen von Veränderungsprojekten zu vermitteln:

1. Entscheidungswege klar definieren.
2. Getroffene Entscheidungen nachvollziehbar erklären.
3. Einheitliche und transparente Entscheidungsprinzipien vereinbaren.
4. Die Delegation von Entscheidungsmacht sinnvoll und rollengerecht organisieren.
5. Die kurzfristige Verfügbarkeit des Managements bei auftauchenden Problemen und Befindlichkeiten sicherstellen.
6. Das Projektziel und die Ergebnisse auf dem Weg dorthin immer wieder veranschaulichen und in der Gruppe diskutieren.
7. Die positiven Folgen bei konstruktiver Mitarbeit ebenso wie die Konsequenzen bei Verweigerungshaltung klar aufzeigen.

➤ Rollen und Spielregeln schaffen Vertrauen. Das gilt auch für die Verfügbarkeit des Managements bei Eskalationen oder in Krisensituationen.

••• Flexibles Projektmanagement, das tägliches Dazulernen ermöglicht

Bereits bei den ersten drei Aktionsfeldern zielgerichteten Wandels haben wir auf die Flüchtigkeit der Aufmerksamkeit und auf die Tatsache hingewiesen, dass sich Menschen allzu schnell vom eigentlichen Ziel ablenken lassen und so unwichtige Details in den Fokus rücken. Gerade die so wichtigen Projektziele etwa werden häufig nur einmal zum *Kick-off* präsentiert – und in der Folge wird davon ausgegangen, dass jeder sie kennt und sein Handeln selbstverständlich darauf ausrichten wird.

Doch dieses Vorgehen übersieht ganz einfache Zusammenhänge, nach denen menschliches Denken funktioniert: So wie Sportler sich ihre Ziele und Vorgehensweisen immer wieder vor Augen führen, um erfolgreich zu sein, ist es auch im Wirtschaftsleben und gerade bei Change-Initiativen wichtig, sich die gewählte Vorgehensweise immer wieder von Neuem bewusst zu machen und zu hinterfragen. Der Chef einer Beratungsfirma, die auf Projektimplementierung spezialisiert ist, formulierte es uns gegenüber so: »Eine entscheidende Regel für den Projekterfolg lautet: Überprüfe in gegebener Zeit möglichst häufig die Wirkung deines Handelns auf die Zielgruppe, lerne dazu und passe deinen Ansatz an.« Und ein anderer Gesprächspartner meinte: »Es gibt Unternehmen, da führt man am Ende eines Projekts einen *Review* durch, sammelt die wichtigsten positiven und negativen Erkenntnisse und dokumentiert sie für kommende Maßnahmen. Und es gibt – wenige – Unternehmen, die verstehen, dass der kontinuierliche Rückblick, also das ständige aktive Einfordern von Feedback während eines Projektverlaufs, entscheidend für den Erfolg ist. Es macht einen signifikanten Unterschied, ob man sich einmal pro Jahr überlegt, was gut und was weniger gut gelaufen ist, und Rückschlüsse daraus zieht, oder ob man es zwölfmal im Jahr macht. Im letzteren Fall hat man zwölfmal häufiger die Chance, bei unerwünschten Konsequenzen und Entwicklungen rechtzeitig gegenzusteuern und neue Möglichkeiten zu erkennen.«

Erfolgreiche Führungskräfte – erfolgreich auch im Rahmen von Change-Projekten – zeichnen sich dadurch aus, dass sie jeden Tag reflektieren: »Was hat heute gut funktioniert, was war wirklich konstruktiv – und wo sollte ich mein Verhalten anpassen?«

Konstruktiver Fortschritt besteht dabei, wie der Name schon andeutet, aus vielen kleinen Schritten, die so klar und konkret sein müssen, dass sich die Mitarbeiter, indem sie diese Schritte gehen, als sicher, souverän und zuversichtlich erleben können. Der CEO einer großen Abwicklungsgesellschaft meinte dazu sehr prägnant: »An den langfristig großen Wurf glaubt heute ohnehin keiner mehr. Sondern es gilt Schritt für Schritt den Fokus darauf zu lenken, was als Nächstes ansteht. Dabei gilt es zwei Regeln zu beachten: Erstens sollte das Projektziel stets allen Projektmitarbeitern präsent sein – und daran sollte man sie auch erinnern. Zweitens muss ein Umfeld herrschen, in dem niemand Angst vor Fehlern hat, sondern man ermutigt wird, Dinge auszuprobieren und deren Wirkung zu analysieren. Wenn die Wirkung nicht so ist wie erwartet, heißt das nicht, dass man einen Fehler gemacht hat. Sondern man hat erfolgreich etwas ausprobiert. Die Angst vor Fehlern ist eine der größten Bremsen für jeden Fortschritt.«

Jedes Veränderungsprojekt sollte daher in möglichst kurzen Zyklen immer wieder den folgenden Prozess durchlaufen und dabei alle relevanten Akteure aktiv einbinden:

- Neue Möglichkeiten oder Risiken erkennen.
- Sinnvolle und konkrete Zwischenergebnisse definieren.

- Effektive Lösungswege finden. Sofern man dabei auf Faktoren angewiesen ist, die man nicht selbst beeinflussen kann, sollte man mindestens drei Optionen entwickeln.
- Einen Lösungsweg entschieden und mit voller Konsequenz umsetzen.
- Die Wirkung analysieren.
- Das Vorgehen anpassen und optimieren.

Folgende leitende Fragestellungen für erfolgreiches Management eines zielgerichteten Wandels wurden uns darüber hinaus in unseren Interviews immer wieder genannt:

1. Was konkret muss passiert sein, bis das gewünschte Ergebnis erreicht ist?
2. Was sollen die Kunden konkret nutzen, erleben, sagen und empfinden?
3. Was sollen/wollen die Mitarbeiter oder Kunden nach Projektende anders machen?
4. Welche Aspekte sind dabei im Projekt zu beachten?
5. Wie sieht der zeitliche Rahmen aus?
6. Welche Ressourcen stehen zur Verfügung?

Der Partner einer großen Unternehmensberatung fasste die Rolle der Führungskraft im Change-Prozess wie folgt zusammen: »Führung muss immer mehr als gruppendynamischer Prozess verstanden werden, den ein Manager moderiert, der jedoch allen Beteiligten den Freiraum gibt, inhaltlich oder menschlich die entscheidenden Impulse zu setzen, um einen Veränderungsprozess wirkungsvoll zu gestalten. Das beinhaltet, Sinn als motivierenden Faktor zu verstehen, Dialogbereitschaft zu fördern, zu überzeugen, anstatt zu überreden, Diversität und vernetztes Denken zu schätzen, Experimentierbereitschaft zu leben, Fehler als wesentliche Quelle für Entwicklung zu verstehen, und die Bereitschaft, das eigene Vorgehen immer wieder infrage zu stellen.«

Was Change-Initiativen beflügelt

■ **Weniger ist mehr:** Einige wenige Change-Initiativen bewirken in der Regel mehr und sind nachhaltiger als eine Fülle von Maßnahmen, bei denen die Change-Akteure am Ende den Überblick verlieren. Darüber hinaus versprechen kleine, zielgerichtete Veränderungen oft den größeren Nutzen, sodass groß angelegte Veränderungsprogramme meist überflüssig sind.

■ **Richtige Mannschaft:** Nur wer die richtigen Mitarbeiter an Bord zu holen vermag, die die Change-Initiative in der jeweiligen Phase vorantreiben, hat am Ende Erfolg. Das Management ist gefordert, die passenden Teams zusammenzustellen, sodass diese effektiv Hand in Hand an der Umsetzung und Zielerreichung arbeiten können.

■ **Klare Spielregeln, dynamische Rollen:** Auf der einen Seite brauchen Change-Initiativen klare, unmissverständliche Strukturen, die von allen Change-Akteuren verstanden und eingehalten werden. Zugleich aber sollten die Rollen der Akteure dynamisch definiert werden, um ihnen so das nötige Maß an Flexibilität und Entscheidungsfreiheit zu erlauben, die für einen zielgerichteten Wandel unabdingbar sind.

- **Kontinuierliches Lernen:** Bei der Planung von Change-Initiativen gibt es naturgemäß viele Unbekannte, denn es lässt sich nicht alles voraussehen. Daher sollte das Projektmanagement so flexibel angelegt sei, dass es das für den Projekterfolg unerlässliche permanente Dazulernen erlaubt. Nur auf diese Weise kann neues Verhalten laufend eingeübt und zugleich schnell auf sich ändernde Rahmenbedingungen reagiert werden.

•• DER STRUKTURIERER UND SEINE ROLLE IM VERÄNDERUNGSPROZESS

Um geordnet und zugleich flexible Change-Prozesse in Gang zu bringen, braucht es Menschen mit besonderen Eigenschaften und Fähigkeiten. Wir nennen sie »Strukturierer«.

Der Strukturierer stellt neben den bereits vorgestellten drei weiteren Change-Typen den letzten Typ dar, der von grundlegender Bedeutung für das Gelingen von Veränderungsprojekten ist. Was also zeichnet diesen Change-Typ aus?

Strukturierer sind Menschen, die in einem komplexen Umfeld für alle verständliche Regeln aufstellen und so der Veränderung eine sinnvolle Ordnung geben.

Das Motto des Strukturierers lautet: »Warum kompliziert, wenn es auch einfach geht?« Sein größtes professionelles Anliegen sind effiziente, zuverlässige Abläufe und ein gut orchestriertes Miteinander, die über Struktur Sicherheit geben, aber auch Freiräume ermöglichen. Ihm geht es vor allen Dingen um gutes Management im Sinne einer zuverlässigen Verwaltung – die auch flexibel ist.

Der Strukturierer denkt prozessorientiert und optional. Er mag es, komplexe Zusammenhänge zu erfassen, Muster zu erkennen und seinen analytischen Verstand einzusetzen, um effiziente Routinen zu entwickeln. Er ist zudem ein guter Beobachter; sein Handeln orientiert sich an der systematischen Analyse der Sachwelt und menschlicher Beziehungen.

Im Auftreten ist er jedoch eher zurückhaltend. Sein Vorgehen ist sehr planerisch und gründlich. Er bemüht sich um strikte Sachorientierung und vermeidet emotionalen Überschwang. Wo andere emotional werden, versucht er, sie wieder auf den Boden der Tatsachen zurückzuführen.

Dienst nach Vorschrift ist dem Strukturierer ein Dorn im Auge. Ihm geht es vielmehr um einheitliche Qualitätsstandards und Nutzenstiftung. Er ist sich wohl bewusst, dass man in einem Change-Projekt immer unter Unsicherheit agiert und täglich neue Erkenntnisse zu erwarten sind. Daher fragt er sich stets: »Wie lassen sich die Spielregeln und Rollen so festlegen, dass jeder im Veränderungsprozess seine Aufgaben kennt und gleichzeitig genug Entscheidungsspielraum hat, um nicht stur etwas abzuarbeiten, was er möglicherweise auf andere Weise besser und zielführender erledigen könnte?«

Der Strukturierer ähnelt einem Schiedsrichter, der auf die Einhaltung möglichst weniger, dafür aber verständlicher Regeln achtet, um dem dynamischen Geschehen auf dem Spielfeld der Veränderung eine Ordnung zu geben. Dabei weiß der Strukturierer, dass diese Ordnung »Atmen« erlauben muss, um den Change-Akteuren Raum zu geben, auf Veränderungen zu reagieren und im Sinne des Unternehmens zu nutzen. So gesehen hat er einen Blick für die Risiken wie für die Chancen, die sich im Laufe von Change-Prozessen entwickeln können. Er weiß, dass die Akteure nach Maßgabe von auftretenden Veränderungen des Umfelds genügend Freiraum brauchen.

Natürlich hätte auch der Strukturierer gerne alles unter Kontrolle, aber er ist reif genug, zu wissen, dass dies ein kindlicher Wunschtraum ist. Er greift daher lieber zu einem besseren Mittel und folgt dem Grundprinzip des Lernens: Eine Verbesserung stellt sich umso schneller ein, je öfter die Wirkung des eigenen Verhaltens überprüft und gegebenenfalls angepasst wird. Während andere stur ein Projekt durchziehen und sich am Ende einigermaßen verblüfft fragen, warum es die Erwartungen (wieder einmal) nicht erfüllt hat, führt der Strukturierer diesen Realitätscheck wöchentlich oder womöglich noch öfter durch. Egal um welche Art Change-Projekt es auch gehen mag, der Strukturierer stellt sich und den Change-Akteuren kontinuierlich folgende drei Fragen:

1. Hat unser Handeln zum gewünschten Ergebnis geführt?
2. Was hatten wir uns vorgenommen und wie war die Wirkung?
3. Was können/müssen wir ändern?

Auf diese Weise ist der Strukturierer in der Lage, neue Ideen für zielgerichteten Wandel zeitnah zu entwickeln und das gemeinsame Vorgehen selbst in Nuancen anzupassen, um ein noch besseres Ergebnis zu erzielen. In dieser Konstellation gibt es keinen großen, schmerzhaften Projekt-Relaunch mehr, weil man mit der Change-Initiative sehenden Auges gegen die Wand gefahren ist. Stattdessen gibt es kleine, überschaubare und sofort realisierbare Anpassungen – und das ist um ein Vielfaches effizienter als alles andere.

Der Strukturierer vertraut seinem auf Kompetenz und Erfahrung gebauten gesunden Menschenverstand sowie der Kompetenz und Erfahrung seines ausgewählten Change-Teams. Er weiß, dass seine wichtigsten Steuerungsinstrumente kontinuierliches Feedback und direkte Kommunikation mit den Akteuren sind. Er reduziert daher sein Kennzahlensystem auf wenige relevante Stellgrößen.

Der Strukturierer pflegt auch in Sachen Steuerung nicht die Haltung des Klügeren, sondern die des Beobachters, des Lernenden und des Optimierers. Dabei spricht er jedoch nicht lange und ausschweifend von »Optimierungsschleifen«, »Kaizen« oder »Kontinuierlichem Verbesserungsprozess« – er packt einfach an. Dazu schafft er einen Rahmen, in dem die Change-Akteure regelmäßig aus der Vogelperspektive auf ihre Arbeit schauen, nach neuen Möglichkeiten suchen und sich schnell erreichbare Fortschrittsziele setzen können. Er lenkt die Aufmerksamkeit aller auf mögliche Verbesserungen in den Details. Damit erhält er ihre Hingabe zu dem, was sie tun, und ihre Freude an der Ausführung sich beständig wiederholender Abläufe dauerhaft aufrecht.

Der Strukturierer weiß auch, dass der größte Gegner des Fortschritts die Macht der Gewohnheit ist. Deshalb schafft er bei allen Prozessen und Standards gezielte Interventionen. Er sorgt dafür, dass die Change-Akteure ihr Verhalten ständig hinterfragen und überprüfen. Er trainiert dauerhaft mit ihnen die Schlüsselsituationen, auf die es ankommt, um den zielgerichteten Wandel zu verwirklichen.

Dem Strukturierer ist bewusst, dass Aufmerksamkeit eine flüchtige und sehr begrenzte Ressource ist. Daher achtet er darauf, dass sie stets auf die »richtigen« Dinge gerichtet ist. Er reduziert Arbeitsanweisungen, Compliance-Richtlinien und Controlling-Reports daher auf ein Minimum und überlegt aktiv, wie er die wesentlichen Inhalte so vermitteln kann, dass die Adressaten sie schnell erfassen und sich merken können. Der Strukturierer weiß: Es reicht nicht, Handbücher auszugeben, neue Organigramme zu zeichnen oder alte zu verändern, denn im Letzten geht es um die Wirklichkeit »hinter« diesen Organigrammen. Er weiß zudem, dass es nicht genügt, Veränderung lediglich zu proklamieren, denn sie muss gelebt werden.

Der Strukturierer weiß ebenfalls: Wo Change Silos verändern oder überwinden soll, muss man aus ihnen ausbrechen können. Wo

Hierarchien überwunden werden sollen, muss man sie relativieren. Wo mehr Offenheit gewünscht ist, darf man sie nicht sanktionieren. Wo festgefahrene Strukturen verändert werden sollen, darf man nicht ihre starren Regeln verwenden. Wenn alte Strukturen sich verweigern, muss man außerhalb ausprobieren, was innerhalb nicht geht.

Das alles zieht der Change-Typ des Strukturierers bei Change-Initiativen in Betracht und agiert in diesem Sinne.

➤ Strukturierer etablieren Rollen und Spielregeln für alle Change-Akteure und regeln die Schnittstellen zu anderen Bereichen.

Das zeigt sich auch mit Blick auf die Rolle des Strukturierers im Lebenszyklus des Change-Prozesses: Damit sich dieser etablieren kann, ist ein gewisses Maß an Spezialisierung, Standardisierung und Systematik erforderlich. Die Organisation muss in die Lage versetzt werden, ihre Leistungsfähigkeit zu skalieren und kontinuierlich zuverlässige Qualität zu liefern. Routinen und eine aussagekräftige Managementdiagnostik werden immer wichtiger. Diese Transformation allerdings gelingt nur, wenn der Strukturierer in Change-Projekten eine Zeit lang die Oberhand gewinnt. Abläufe werden jetzt nicht mehr hinterfragt, sondern optimiert.

Wurden in der Etablierungsphase die Aufgaben und Verantwortlichkeiten ad hoc verteilt, gilt es jetzt, in der Blütephase, Rollen und Spielregeln zu etablieren, innere Zuständigkeiten festzulegen und die Schnittstellen zu anderen externen und internen Bereichen zu regeln. Es gibt nur wenige Sinnstifter, die dazu in der Lage sind. Und die Transformation in die Blütephase scheitert auch, wenn ein Macher sich auf seinen Pragmatismus verlässt und meint, er könne ein schnell wachsendes Team rein ergebnisorientiert immer wieder zu Höchst-

215

leistungen motivieren. Es ist vor allem der Strukturierer, der in dieser Phase Change-Projekte und Unternehmen insgesamt vorantreiben kann.

Dabei gilt: Der Übergang von der Etablierungsphase eines Change-Projekts zu mehr Struktur und Aufgabenteilung in der Blütephase hält für alle Change-Akteure Herausforderungen bereit. Nicht selten passiert es in dieser Phase, dass Aufgaben umverteilt und Verantwortlichkeiten neu geregelt werden. Hier ist Fingerspitzengefühl gefragt, damit sich die Betroffenen trotz allem nicht in ihren Kompetenzen beschnitten fühlen.

> **Sobald alles nach Plan läuft, sollte der Strukturierer den Stab an den Ideenmoderator weiterreichen und so Raum für Kreativität und Innovationen schaffen.**

Doch auch die Zeit des Strukturierers im Lebenszyklus von Change-Projekten ist irgendwann zu Ende. Denn die Dynamik ist bekannt: Bei allzu reibungslosen Abläufen, die als Folge eines Change-Projekts institutionalisiert wurden, und allzu guten Zahlen stellt sich meist auch irgendwann Selbstzufriedenheit ein, der komfortable Status suggeriert, es sei nicht mehr nötig, zu hinterfragen. Die Ziele sind jetzt nicht mehr ideell getrieben, sondern werden auf Basis der guten Vorjahreszahlen fortgeschrieben. Der jährliche Planungsprozess wird vom Controlling gesteuert und nicht mehr vom Markt. Damit verliert er seine schöpferische und innovative Kraft und Funktion, und nicht selten nehmen Verteilungskämpfe gegen Ende der Blütephase überhand. Die Organisationsstruktur gewinnt zunehmend an Bedeutung, und nur zu häufig richtet sich der Fokus der Aufmerksamkeit nun darauf, was man als Einzelner tun muss, um eine wertigere Stelle oder bessere Zusatzvergütungen zu erhalten.

Die größte Gefahr in dieser Phase ist demnach der Verlust an strategischer Innovationskraft und die Blindheit für neue Entwicklungen außerhalb des so erfolgreich etablierten Systems. Jetzt ist es – wieder – Zeit für neue Ideen. Und das bedeutet: Die Zeit des Strukturierers ist vorbei, die des Ideenmoderators kommt – erneut.

WAS CHANGE SEIN KANN UND SEIN SOLLTE

Change ja, aber nur mit Sinn und Verstand!

1. Klare Antwort auf die Sinnfrage geben.
2. Gemeinsam eindeutiges Zielbild festlegen.
3. Selbstbezug zu Zielen herstellen.
4. Aufmerksamkeit der Beteiligten fesseln.
5. Plausible Zwischenschritte festlegen.
6. Kollektive Erfahrung und kollektives Wissen nutzen.
7. Change-Akteure aktiv und ehrlich einbinden.
8. Austausch untereinander ermöglichen.
9. Schöpferische Prozesse durch Freiräume unterstützen.
10. Klare Rollen und Strukturen etablieren.
11. Die richtigen Change-Typen finden und je nach Phase nutzen.

Change darf nicht zum Selbstzweck werden!

Fazit – Oder:

● WAS CHANGE SEIN KANN UND SEIN SOLLTE

Unternehmen müssen sich wandeln, um erfolgreich zu bleiben. Sie müssen es deshalb, weil sich alles um sie herum immer rasanter verändert: Technik, Politik und Recht – Welt- und Finanzwirtschaft insgesamt, Märkte, Kunden, Wettbewerber, Mitarbeiter, Lebensstile et cetera.

Doch was bedeutet das: Wandel?

Die Antwort muss lauten: Bei den für Unternehmen notwendigen Veränderungen darf es nicht um den Wandel an sich gehen, nicht um einen Wandel als Selbstzweck. Vielmehr muss es um die mit dem Wandel verbundene bessere Nutzung vorhandener Potenziale gehen, um das Erreichen erstrebenswerter Ziele und wie Unternehmen diese am besten verwirklichen können.

Change-Projekte der unterschiedlichsten Art werden oft als Wunderwaffe gesehen, um auf Veränderungsdruck strukturiert zu reagieren. Vielleicht ist das nicht wirklich überraschend, wenn man bedenkt, dass wir modernen Menschen offenbar immer mehr dazu neigen, auf Zauberformeln und Heilsbotschaften zu hoffen. Und so wird verständlich, dass auch Change-Projekte häufig mit übergroßen Erwartungen überfrachtet werden, mit Hoffungen, die etwa lauten: »Jetzt wird das endlich einmal alles gelöst!«

Das Problem ist – auch wenn es in den Unternehmen oft nur wenige offen zugeben mögen: Die weitaus meisten Veränderungsinitiativen scheitern. Veränderungsprojekte werden geplant, mit ihnen verbundene Ziele werden formuliert und kommuniziert – und doch werden diese allzu häufig nicht erreicht. Dennoch gibt es, so scheint es, bislang keine wirklichen Alternativen zu diesen Projekten, die Veränderung von Organisationen und Mitarbeitern zielgerichtet auf den Weg zu bringen.

Wandel im Rahmen von Change-Projekten kann dabei durchaus erfolgreich sein. Wie genau also sollte Veränderung im Rahmen von Change-Projekten gestaltet werden und wie nicht?

Wir sagten es schon: Sobald Change zum Selbstzweck wird, sobald er also nur auf gleichsam abstrakter Ebene diskutiert und instrumentalisiert wird, mutiert der Ruf nach Veränderung, der mit Change-Projekten einhergeht, zum als phrasenhaft erlebten Mantra. Dabei wird Change nicht selten auch zu einer Art Phantom: Alle reden von diesem Phantom, offen oder im Geheimen; auf diese Weise geistert es durch die Organisation, es irritiert und verängstigt Mitarbeiter und oft auch Führungskräfte, die infolge nicht klug gemanagter Change-Projekte zugleich immer weniger wissen, in welche Richtung sich diese eigentlich bewegen sollen. Veränderungsprojekte werden so als ganz normaler Change-Wahnsinn erlebt, der überfordert und stresst, aber am Ende keine wirklich nützliche Veränderung für Unternehmen und Mitarbeiter bringt.

Warum ist das so? In unserem Buch haben wir nicht nur gezeigt, dass – bei gründlicher Betrachtung – immer wieder die gleichen Gründe für das Scheitern von Veränderungsprojekten erkennbar werden. Wir haben auch gezeigt, wie es gelingen kann, Change-Initiativen jenseits jenes Buzzword-Budenzaubers, den viele Change-Opfer in den Unternehmen nur allzu gut kennen, erfolgreich voranzutreiben.

Wichtig ist dabei auch, sich klarzumachen, was uns moderne Menschen antreibt und was dies für das Misslingen oder Gelingen von Change-Projekten bedeutet. Wir leben – im privaten wie im beruflichen Kontext – im Spannungsfeld zwischen zwei fundamentalen Bedürfnisfeldern.

Da ist auf der einen Seite unser Bedürfnis nach Sicherheit, Planbarkeit und Berechenbarkeit. Im negativen Extrem führt dieses Bedürfnis dazu, dass jede Veränderung entweder als bedrohlich abgelehnt oder aber übermotiviert versucht wird, die Zukunft bis ins Detail vorherzusehen und den Wandel so zu kontrollieren, dass Freiräume für Ausprobieren, Lernen und Handeln beschnitten werden. Im positiven Fall indes kann das Sicherheitsbedürfnis aber auch dazu beitragen, dass Change-Projekte achtsam und vorausschauend geplant und umgesetzt werden.

Auf der anderen Seite haben wir – in unterschiedlichen Ausprägungen – auch das Bedürfnis nach Vielfalt, Entwicklung und Überraschung, nach Lebendigkeit. Im negativen Extremfall zeigt sich dieses Bedürfnisfeld im Kontext von Change-Projekten in einem undisziplinierten Schleifenlassen, in fehlender Struktur oder gar in Chaos. Hingegen zeigt sich die im Kontext von Change-Projekten beste Ausprägung dieses Bedürfnisfeldes in Offenheit und echtem Interesse an neuen Perspektiven und Einflüssen.

Veränderungsprozesse im Unternehmen können dann zielgerichtet und erfolgreich sein, wenn es gelingt, durch geeignetes Management von Change-Projekten die Herausbildung der jeweils besten Ausprägungen der beiden widerstreitenden Bedürfnisfelder bei möglichst vielen Change-Akteuren zu unterstützen, um den zielgerichteten Wandel zu fördern.

Wie wir in diesem Buch gezeigt haben, sind es im Wesentlichen vier Aktionsfelder zielgerichteten Wandels, die darüber entscheiden, ob aus Change-Initiativen echter Fortschritt wird, und die wir hier noch einmal zusammenfassen.

Damit ein Change-Projekt – erstens – gelingen kann, muss den beteiligten Akteuren, Managern wie Mitarbeitern, ein gemeinsames Verständnis über den angestrebten künftigen Zustand vermittelt werden. Von zentraler Bedeutung ist hierbei nicht nur, dass alle Beteiligten den übergreifenden Sinn des angestrebten Wandels verstehen, sondern dass sie auch ihren eigenen, konkreten Beitrag kennen, den sie in diesem Zusammenhang leisten können. Beides führt zu entscheidend mehr Orientierung und Durchblick aller Change-Akteure und verbessert ihre Identifikation mit dem Projekt.

Damit ein Change-Projekt – zweitens – gelingen kann, sollten die für das Aufsetzen von Change-Projekten erforderlichen Ziele nicht nur richtig und angemessen sein, auch die Entscheidungen, diese Ziele anzustreben, müssen zeitnah und entschlossen getroffen werden. Wichtig ist zudem, dass diese Ziele schnell und eindeutig auf die Ebene des Einzelnen übersetzt werden, damit jedem klar wird, was er konkret im Alltag zu ändern hat, um die gemeinsame Bewegung in die richtige Richtung zu unterstützen. Auf diese Weise wird das eigenverantwortliche Denken und Handeln der Change-Akteure im Rahmen des Projekts und darüber hinaus entscheidend unterstützt.

Damit ein Change-Projekt – drittens – gelingen kann, muss das kreative Potenzial aller Change-Beteiligten erkannt und aktiviert werden. Nur so kommt es zu mehr Ideenreichtum und Innovationskraft. Sehr häufig aber gibt es starke organisatorische oder kulturelle Barrieren für Mitarbeiter ebenso wie für Manager, gute Ideen mit dem Unternehmen zu teilen. Sie fürchten, als Querulanten oder Träumer abgestempelt zu werden oder in die Tretmühlen einer quälenden Beantragungs- und Genehmigungsbürokratie zu geraten. Nur durch einen schöpferischen Prozess, der auch ganz unterschiedliche Sichtweisen zu verbinden vermag, kann es zu einer kontinuierlichen Erneuerung von Geschäftsmodellen kommen, die durch den wachsenden Wettbewerbsdruck permanent bedroht sind.

Damit ein Change-Projekt – viertens – gelingen kann, muss der Veränderungsprozess klug und möglichst ohne überflüssige Komplexität in die operativen Geschäftsabläufe integriert werden. Nur eine flexible, offene und das Selbstlernen unterstützende Strukturierung des Change-Prozesses führt zu verbesserten Abläufen, zu Strukturen, die das Denken lenken, und erfolgreichen Veränderungen.

Entscheidend ist dabei: Veränderungsinitiativen werden von Menschen inspiriert, geplant, umgesetzt und vorangetrieben. Besondere persönliche Eigenschaften und Kompetenzen können daher in den vier Aktionsfeldern zielgerichteten Wandels sowie in bestimmten Phasen von Change-Projekten einen entscheidenden Vorteil darstellen. Es sind dies Eigenschaften und Kompetenzen, die – wie wir gezeigt haben – Change-Typen wie der Sinnstifter, der Macher, der Ideenmoderator oder der Strukturierer aufweisen.

Jeder von uns trägt – in unterschiedlicher Ausprägung – Anteile dieser vier Change-Archetypen in sich. Aus Mitarbeitersicht betrachtet kann es daher sinnvoll sein, sich sein eigenes Change-Typen-Profil und seine damit verbundenen Stärken und Grenzen bewusst zu machen. Und es kann ebenfalls sinnvoll sein, im Anschluss zu überlegen, auf welchem der vier Aktionsfelder man sich im Rahmen von anstehenden Change-Projekten einbringen will und welche Maßnahmen dabei helfen können, die eigene Kompetenz und Wirkungskraft auszubauen.

Wir haben daher einen Selbsttest entwickelt, der hilft, diesen Erkenntnisprozess zu befördern. Er steht auf der Internetseite des MLI Leadership Instituts unter der Rubrik »Forschung – Phantom Change« bereit (www.leadership-munich.org/de/StudienInitiativen/phantomchange.html). Der Test hilft dem Einzelnen nicht nur, sich mit Blick auf Change-Projekte im Perspektivenwechsel einzuüben. Er hilft ihm auch, Chancen für die eigene Persönlichkeits-, Kompetenz- und Karriere-entwicklung im Kontext von zielgerichteten Veränderungsinitiativen zu erkennen und zu nutzen.

Damit kann er – drittens und gleichzeitig – dem Unternehmen und dem Management helfen. Denn aus der Unternehmens- und Ma-nagementperspektive heraus betrachtet sind die Leiter von Change-Projekten gut beraten, im Blick zu behalten, welche Fähigkeiten, Kompetenzen und Entwicklungspotenziale mögliche Akteure einer Veränderungsinitiative einbringen könnten und wie sie sich im Rah-men der Projektarbeit weiterentwickeln könnten – um die Zusam-mensetzung von Projektteams auch entlang dieser Einschätzungen auszurichten.

Unternehmen, die Change-Projekte zu einem echten Erfolg ma-chen wollen, tun also letztlich gut daran, bei jedem Veränderungspro-jekt nicht nur alle vier Aktionsfelder zielgerichteten Wandels und alle vier Change-Typen im Blick zu behalten. Und sie tun gut daran, den Einzelnen in seinem Erkenntnis- und Entwicklungsprozess mit Blick auf zielgerichtete Change-Projekte zu unterstützen.

Haben wir damit einen Masterplan für überall gelingende Change-Projekte vorgestellt? Natürlich nicht. Zielgerichtete Veränderungs-prozesse sind nie einfach zu initiieren und auf Kurs zu halten. Sie sind komplex, widersprüchlich und nicht selten paradox. Nicht von unge-fähr passieren Fehler, wenn sie systematisch gestaltet werden sollen.

Die in diesem Buch vorgestellten Aktionsfelder zielgerichteten Wandels und die mit ihnen verbundenen Rollen von Change-Typen und Change-Projektphasen sind aber – wie wir in unserer Forschung und Beratungspraxis immer wieder erlebt haben – ein nützlicher An-ker, dem ganz normalen Change-Wahnsinn, wie er in allzu vielen Unternehmen Alltag ist, einen strukturierten Rahmen entgegenzusetzen. Es bringt manchmal kleine und manchmal auch größere Veränderungserfolge hervor, die nicht von überforderten Mitarbeitern und Führungskräften getragen werden, sondern von motivierten Kollegen, die ein gemeinsames sinnvolles Ziel vor Augen haben und dieses auch erreichen können und wollen.

Das ist, wie wir finden, eine ganze Menge.

Unberührt davon allerdings wissen wir, dass die unternehmensbezogene anwendungsorientierte Wissenschaft zum Thema Change eine Frischzellenkur braucht. Zu lange hat sie sich um sich selbst gedreht. Dass der betriebliche Alltag jene teilweise deprimierenden Change-Ergebnisse liefert, die auch unsere Forschung gezeigt hat, ist auch auf den jahrzehntelangen praxiswissenschaftlichen Stillstand zurückzuführen.

Mit diesem auf unserer eigenen Forschung einerseits und unserer Beratungspraxis andererseits basierenden Buch hoffen wir nicht nur, Change-Praktikern neue, Erfolg versprechende Impulse zu liefern. Wir hoffen auch, einen Beitrag dazu zu leisten, dass über Change und zielgerichteten Wandel neu nachgedacht wird. Und wenn dieses Buch darüber hinaus frische Fragen für eine verbesserte, anwendungsorientierte Wissenschaft stellt, haben wir unser Ziel erreicht: Auswege aus dem ganz normalen Change-Wahnsinn zu verdeutlichen und zu zeigen, wie zielgerichteter Wandel in der Unternehmenspraxis trotzdem Schritt für Schritt gelingen kann.

• ANMERKUNGEN

1   Ewenstein, B.; Smith, W.; Sologar, A.: »Changing Change Management«. In: *McKinsey Digital*, Juli 2015.

2   StepStone, Umfrage des Karriereportals bei 4800 deutschen Fach- und Führungskräften: »Nur 44 Prozent kennen die Strategie ihres Unternehmens.«

3   Kienbaum Management Consultants (Hrsg.): *Change. Points of View. Change-Management-Studie 2011–2012.* Berlin 2012.

4   http://www.allpsych.uni-giessen.de/karl/teach/aka.htm

5   Capgemini Consulting (Hrsg.): *Change Management Studie 2012. Digitale Revolution. Ist Change Management mutig genug für die Zukunft?.* München, 2012, S. 20: Emotionen sind mit fast 50 Prozent der wichtigste Einflussfaktor in Change-Prozessen, gefolgt von Politik (28 Prozent) und Ratio (23 Prozent).

6   Bundesverband Deutscher Unternehmensberater (BDU e. V.); Fachverlag Change Management: *Whitepaper »Trends im Change Management«.* Bonn 2012.

7   Capgemini Consulting 2012, S. 34 f.

8   Mutaree (Hrsg.): *Mutaree Change-Barometer 2/2012. Wirksamkeit von Change Management messbar machen – Nutzertransparenz herstellen.* Eltville-Erbach 2012.

9   Vgl. Kienbaum 2012, S. 16: »Es zeigt sich, dass gerade bei Projekten, die nicht erfolgreich realisiert werden, Konzepte und Lösungen in Projektteams und von ›geschlossenen Zirkeln und Gruppen‹ entwickelt werden. Diese werden dann unzureichend oder wenig überzeugend an die Linienführungskräfte kommuniziert.«

10 40 Prozent der für das Scheitern von Change-Projekten genannten Gründe.

11 Kotter, John P. : »Accelerate!«. In: *Harvard Business Review*, November 2012.

12 Csikszentmihalyi, Mihaly: *Flow. Das Geheimnis des Glücks.* Stuttgart 2014.

13 Kienbaum 2012, S. 7.

• AUSGEWÄHLTE LITERATUR

Collins, J.: *Der Weg zu den Besten.* München 2003

Covey, S. R.: *Die 7 Wege zur Effektivität.* Offenbach 2015

Csikszentmihalyi, M.: *Flow. Das Geheimnis des Glücks.* Stuttgart 2014

Drucker, P.: *Die fünf entscheidenden Fragen des Managements.* Weinheim 2009

Drucker, P.: *The Effective Executive.* München 2014

Ewenstein, B.; Smith, W.; Sologar, A.: »Changing Change Management«. In: *McKinsey Digital,* Juli 2015

Förster, A.; Kreuz, P.: *Macht, was ihr liebt! 66 1/2 Anstiftungen das zu tun, was im Leben wirklich zählt.* München 2015

Gardiner, D.: *Future Babble.* London 2012

Hargens, J.: *Systemische Therapie … und gut. Ein Lehrstück mit Hägar.* Dortmund 2013

Jung, C. G.: *Typologie.* München 2010

Kahneman, D.: *Schnelles Denken, langsames Denken.* München 2014

Knapp, N.: *Der unendliche Augenblick. Warum Zeiten der Unsicherheit so wertvoll sind.* Reinbek 2015

Kotter, J. P.: *Leading Change.* Boston, Massachusetts 2012

Kotter, J. P.: *The Heart of Change.* Boston, Massachusetts 2012

Mutaree (Hrsg.): *Mutaree Change-Barometer 2/2012. Wirksamkeit von Change Management messbar machen – Nutzertransparenz herstellen.* Eltville-Erbach 2012

Nørretranders, Tor: *Spüre die Welt. Die Wissenschaft des Bewußtseins.* Reinbek 1998

Pfläging, N.: *Führen mit flexiblen Zielen. Praxisbuch für mehr Erfolg im Wettbewerb.* Frankfurt am Main 2011

Pfläging, N.; Hermann, S.: *Komplexithoden. Clevere Wege zur (Wieder)Belebung von Unternehmen und Arbeit in Komplexität.* München 2014

Riemann, F.: *Grundformen der Angst.* München 2013

Senge, P. M.: *Die fünfte Disziplin.* Stuttgart 2011

Simon, F. B.; Rech-Simon, C.: *Zirkuläres Fragen. Systemische Therapie in Fallbeispielen. Ein Lernbuch.* Heidelberg 2015

Taleb, N. N.: *Antifragilität.* München 2013

Thaler, R. H.; Sunstein, C. R.: *Nudge. Wie man kluge Entscheidungen anstößt.* Berlin 2009

● DANKSAGUNG

Sebastian Morgner und Robert Wreschniok

Der ganz normale Change-Wahnsinn … wäre nicht entstanden ohne die Unterstützung und Hilfe vieler Menschen.

Wir danken zunächst unseren Gesprächspartnern im Rahmen der Studie »Phantom Change« – Vorständen, Geschäftsführern und Change-Verantwortlichen von DAX-30-Unternehmen und mittelständischen Firmen. In Tiefeninterviews gewährten sie uns Einblicke in ihre Erfahrungen, von denen dieses Buch sehr profitiert hat.

Wir danken ferner unseren Gesprächspartnern im Rahmen des Projekts »Vision Y« – darunter Friedensnobelpreisträger Muhammad Yunus, SAP-CEO Bill McDermott, Vizekanzler Sigmar Gabriel, Frank Schätzing und Nassim Nicholas Taleb –, die uns auf der Suche nach Antworten auf unsere Frage, wie aus Wandel echter Fortschritt werden kann, wichtige Impulse gegeben haben.

Wir danken schließlich Barbara Kellerman, Professorin für Public Leadership an der Harvard University, sowie dem TED-Speaker und *New York Times*-Kolumnisten Barry Schwartz für ihr offenes und sehr hilfreiches Feedback zu unseren Thesen und Ideen.

Thomas Perry

Ich danke meinen Partnern in der Q Agentur für Forschung, Kerstin Klär und Oliver Tabino, für viele Jahre der inspirierenden Zusammenarbeit, immerwährenden Neugier und gemeinsamen unternehmerischen Begeisterung, Verantwortung und Partnerschaft.
Ich danke ferner Dr. Joop de Vries für die vielen gemeinsamen Projekte des Scenario Plannings, die mir gezeigt haben, wie man die Gegenwart erkennt, indem man die Zukunft zu ergründen versucht. Die Zusammenarbeit mit allen hat mich gelehrt, ohne faule Kompromisse

die eigenen und fremden Annahmen besser zu erkennen und fruchtbar infrage zu stellen, die unseren klaren Blick auf Gegenwart und Zukunft so leicht blockieren und in die Irre leiten.

Nina Leffers

Ich danke meinen Kollegen von McKinsey & Company, Inc. und dem Marketing Centrum Münster, die mir in intensiven gemeinsamen Projekten immer wieder Vorbild, Schrittmacher und Antrieb waren. In der Zusammenarbeit entstand die Motivation zur stetigen Verbesserung, die Freude daran, gemeinsam etwas zu bewegen, und gleichzeitig die Leichtigkeit, die es braucht, um auch bei herausfordernden Aufgaben den Spaß an der Arbeit nicht zu verlieren. Von ihnen habe ich viel über exzellente Projektarbeit gelernt.

Ich danke meinen Kollegen von der OTH Regensburg für ein jederzeit freundschaftliches, kollegiales und konstruktives Miteinander, das optimale Arbeitsbedingungen und gute Impulse bietet.

Ich danke zahlreichen Klienten der vergangenen Jahre, die den Ansporn gaben, Arbeitsmethoden und -ergebnisse immer wieder kritisch zu hinterfragen und den Blick auf das Wesentliche zu lenken. Sie gaben den Anlass, ein Buch über Change zu schreiben.

DIE AUTOREN

Nina Leffers ist Professorin für internationale Unternehmensführung an der Ostbayerischen Technischen Hochschule (OTH) Regensburg. Sie studierte an den Universitäten Münster, Urbana-Champaign (Illinois, USA) und Jinan (Shandong, China) und promovierte bei Heribert Meffert am Marketing Centrum Münster. Zuletzt war sie Beraterin und Engagement Managerin bei McKinsey & Company, Inc.

Parallel zu ihrer Lehr- und Forschungstätigkeit ist Leffers weiterhin als Beraterin tätig. Als Expertin für Marketing und Vertrieb berät sie führende nationale und internationale Konzerne ebenso wie mittelständische Unternehmen insbesondere an der Schnittstelle zum Kunden. Sie verfügt über umfassende Erfahrung im Bereich der Strategieentwicklung mit den Schwerpunkten Wachstum, Internationalisierung und Komplexitätsreduktion.

In ihren Vorträgen beschäftigt sie sich vorwiegend mit den Herausforderungen globaler Trendentwicklungen auf die Unternehmenspraxis.

E-Mail-Adresse: nina.leffers@oth-regensburg.de

Sebastian Morgner ist Geschäftsführer des MLI Leadership Instituts mit Sitz in München, London und Basel. Der Experte für Leadership und Strategieentwicklung berät Vorstände internationaler Konzerne dabei, Mitarbeiter und Führungskräfte für gemeinsame strategische Zielsetzungen zu gewinnen und in der Umsetzungsphase zu begleiten.

Zuvor war Morgner 14 Jahre lang als Führungskraft in der Finanzbranche tätig, baute dabei mehrere Unternehmensbereiche auf und führte zahlreiche strategische Projekte zum Erfolg. Er verfügt über breite internationale Managementerfahrung, unter anderem als Global Head of Marketing bei der UniCredit in Mailand. Aktuell wirkt Morgner zudem als Mental Performance Trainer und Keynote Speaker, er leitet Leadership-Seminare und coacht Top Executives.

E-Mail-Adresse: s.morgner@leadership-munich.org

Thomas Perry ist Geschäftsführer der Q Agentur für Forschung, Mannheim. Er begleitet große und mittelständische Unternehmen sowie Institutionen aus Staat und Gesellschaft mit der Forschung und Beratung zu Zielgruppen und Stakeholdern sowie zu Marketing und Kommunikation.

Zuvor beriet er unter anderem bei Wahlkämpfen und politischen Kampagnen und wirkte fast zehn Jahre bei der Sinus Sociovision in Heidelberg. Aus Hunderten von Studien und daran anknüpfenden Beratungsprozessen weiß er, wie Unternehmen mit Anpassungsbedarf an den Wandel auf dessen Herausforderungen reagieren und wie forschungsbasierte Beratung nach innen und außen hilft, diese Herausforderungen besser zu bewältigen.

E-Mail-Adresse: Thomas.Perry@teamq.de

Robert Wreschniok ist Geschäftsführer des MLI Leadership Instituts mit Sitz in München, London und Basel. Als Experte für Strategieaktivierung berät er Unternehmen dabei, Mitarbeiter und Führungskräfte für gemeinsame strategische Zielsetzungen zu gewinnen und in der Umsetzungsphase zu begleiten. Ein besonderer Fokus liegt dabei auf Fragen des Strategy Designs und der Strategievisualisierung.

Zuvor wirkte Wreschniok unter anderem als Mitglied der Geschäftsführung des New Yorker Beratungsunternehmens Emanate und als Business Director bei Europas führender Kommunikationsberatung Ketchum Pleon.

Wreschniok ist Herausgeber und Autor zahlreicher Fachpublikationen und gefragter Speaker. Er ist ferner Vorstand im European Centre for Reputation Studies und Mitglied des Design Strategy Board in Basel.

E-Mail-Adresse: r.wreschniok@leadership-munich.org